Couvertures supérieure et inférieure
manquantes

VOYAGE

EN DAUPHINÉ et EN SAVOIE

Du Mercredi 9 au Samedi 26 Août 1899.

DIRECTEUR : M. Henri BEAUFORT,

Membre du Comité d'Études.

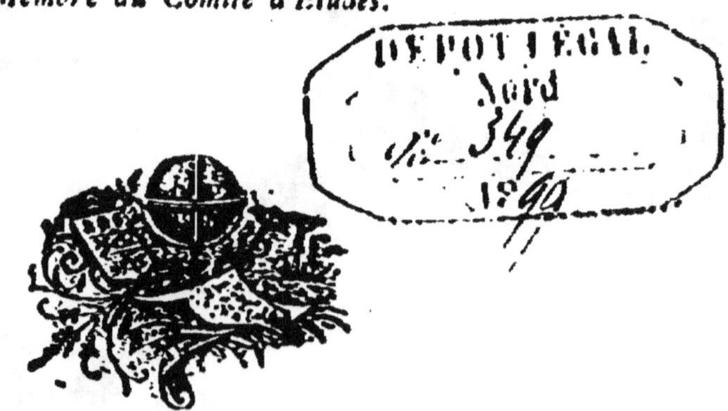

LILLE

IMPRIMERIE L. DANEL

1899

SOCIÉTÉ DE GÉOGRAPHIE DE LILLE

Reconnue d'utilité publique.

VOYAGE EN DAUPHINÉ et EN SAVOIE

Du Mercredi 9 au Samedi 26 Août 1899.

DIRECTEUR : M. HENRI BEAUFORT.

Mercredi 9 Août 1899. — Départ de Lille 7 h. matin. Express : 2e classe.

Arrivée à Paris 10 h. matin.

A Paris chacun conserve son entière liberté.

Rendez-vous à la gare Paris-Lyon-Méditerranée boulevard Diderot 20.

Départ de Paris 2 h. soir. Express : 2e classe.

Arrivée à Dijon 6 h. 54 soir.

Diner au buffet de la gare de Dijon, 1er repas en commun.

Départ de Dijon 7 h. 18 soir.
Arrivée à Lyon 10 h. 53 soir.
Lyon. *Hôtel Bellecour, Place Bellecour.*

Jeudi 10 Août 1899. — LYON, grande et belle ville, la plus importante de France après Paris, est le point de pénétration dans les Alpes, le Dauphiné et les Savoies ; elle est l'ancienne capitale du Lyonnais et actuellement le chef-lieu du département du Rhône, le siège du commandement du XIVᵉ Corps d'Armée, d'un Archevêché, d'une Université depuis 1896, de l'École du Service de Santé Militaire, etc. etc. Cette ville de 466.028 habitants est la première de France, après Paris, non seulement par son étendue, mais encore par son industrie et son commerce. Ne tient-elle pas un peu de l'alpinisme par son magnifique belvédère de Fourvière, d'où l'on peut découvrir la cime des Alpes et aussi par son fleuve, le Rhône, qui descend du Mont Furca en Suisse et la traverse pour aller se jeter dans la Méditerranée ?

Le Rhône et la Saône divisent Lyon en trois parties très distinctes : la ville proprement dite, dans la langue de terre formée par le confluent des deux rivières, avec l'ancien faubourg de la Croix-

Rousse, sur la colline du même nom ; la rive droite de la Saône, avec la colline de Fourvière et l'ancien faubourg de Vaise, et la rive gauche du Rhône, comprenant l'ancien faubourg de la Guillotière et les Brotteaux.

Notre Hôtel est situé *Place Bellecour*, la plus importante de Lyon, elle a 310 mètres de longueur sur 200 mètres de largeur. Elle est décorée d'une statue équestre de Louis XIV, en empereur romain, c'est un chef d'œuvre de Lemot, sculpteur lyonnais. C'est la promenade à la mode de la ville. Les grands bâtiments à l'ouest et à l'est sont occupés par la direction de l'enregistrement et la Poste Centrale.

L'édifice imposant sur la hauteur à l'ouest est l'église de Fourvières, où nous irons, si vous le voulez bien, ce matin.

Nous prenons par la rue Bellecour, au nord-ouest, pour jouir du point de vue superbe de Fourvière, et nous jetons en passant un coup d'œil sur les rives pittoresques et très animées de la Saône. L'église à droite est la cathédrale, que nous verrons au retour. Au bout de l'avenue de l'archevêché, au delà du pont, est la modeste gare de l'Archevêché, ou de la Ficelle de Fourvière et St-Just (départ toutes les 7 minutes). De la station des Minimes, il y a encore 7 minutes de chemin pour arriver à l'église de Fourvière. On tourne à droite, puis à gauche et encore une fois à droite, pour arriver au sommet de la colline de Fourvière, que la Saône contourne de l'ouest au sud. Cette colline est formée par un éperon de granit sur lequel s'est amoncelée, à l'époque glaciaire une moraine de 40 mètres d'épaisseur.

L'*Église de Notre-Dame-de-Fourvière* est un monument fort curieux par son originalité, massif à dessein, en vue de l'effet d'ensemble à distance. Elle a été entreprise en 1872, à la suite d'un vœu du clergé lyonnais pendant la guerre de 1870-71, et consacrée en 1896. Elle est sur les plans de P. Bossan, et dans une sorte de style byzantin modernisé. L'abside, du côté de la ville, est la partie qui attire d'abord l'attention et la plus remarquable de l'extérieur. Elle est entourée d'une galerie semi-circulaire, et flanquée de tours polygonales terminées par des espèces de couronnes.

De chaque côté sont quatre demi-tours carrées, remplaçant les contreforts, et il y a à la façade deux tours comme à l'abside qui achèvent de donner à l'ensemble le caractère d'un château-fort.

La façade présente de plus un riche portique avec quatre colonnes monolithes de 8 mètres 20 de haut, en granit du Lac Majeur, supportant une sorte de frise fort riche : Le Vœu de la peste en 1643, et le Vœu de la guerre de 1870, par Dufraine. A remarquer encore les sculptures bibliques et symboliques du porche et des portes de l'église. Ces sortes de compositions se continuent sur les façades latérales et à l'intérieur. Une ouverture dans le perron permet de descendre directement de ce côté dans la crypte, qui communique avec l'église haute.

L'intérieur de l'église présente une grande et deux petites nefs de même hauteur, divisées en trois travées par huit groupes de deux colonnes en marbre gris bleu, à piédestaux et chapiteaux en marbre blanc, reliées dans le haut par de riches arcades avec des anges-cariatides. Les murs et les voûtes sont ornés de mosaïques, de peintures et de dorures. Le chœur a dix colonnes en marbre rouge et à chapiteaux dorés, d'autres anges aux retombées de la voûte, une grande clef de voûte à pendentif, des mosaïques, des revêtements de marbre, etc. etc., encore plus riches que dans la nef. L'autel est d'une grande magnificence, fait des matériaux les plus précieux et orné de sculptures, de mosaïques, etc., etc., avec un ciborium et une statue de la Sainte-Vierge immaculée. On remarque à l'intérieur de l'église actuelle un superbe tableau de Martin Beaussigny. La crypte, consacrée à St-Joseph, règne sous toute l'église ; elle est aussi décorée de mosaïques.

On peut monter, pour jouir de la vue, à la tour à gauche du chœur, qui a 48 mètres 50 de haut et qui compte 316 degrés.

Le Panorama, détaillé par une table d'orientation, peinte tout autour sur lave émaillée, est superbe, quand le temps est clair, outre qu'on y a une vue d'ensemble de la ville, et qu'on peut en admirer de là le site très pittoresque et les environs le regard embrasse une étendue de plus de 200 kilomètres.

Pour redescendre de Fourvière, on pourra prendre au-dessous de l'église, de préférence à gauche, le passage du Rosaire, qui abrège considérablement. Ce sentier aboutit à la longue montée St-Barthélemy. le chemin des voitures ; mais de l'autre côté de la rue, se trouve un escalier qui compte 242 degrés et descend vers la cathédrale. Dans le bas, à droite, la rue Bombarde. La descente de ce côté prend à peu près dix minutes.

La place St-Jean qui précède la cathédrale, est décorée d'une jolie fontaine moderne du style de la Renaissance, en marbre blanc, avec un édicule abritant un groupe en bronze, le baptême de Jésus-Christ.

St-Jean, la Cathédrale ou église primatiale, au pied de la colline de Fourvière, est l'église la plus remarquable de Lyon et même une des plus curieuses de France. Cet édifice date des XIIe-XVe siècle. La façade, à droite de laquelle est la Manécanterie, dont nous reparlerons plus loin, comprend trois portails, privés de leurs statues, mais qui ont encore de petits médaillons dégradés ; puis une galerie, une rose à meneaux flamboyants et deux tours sans flèche, terminées à la fin du XVe siècle. Il y a deux autres tours aux extrémités du transept. — A l'intérieur, la partie la plus remarquable est le chœur, qui réunit dans ses arcades et ses fenêtres les styles roman et gothique mêlés à dessein. Le style roman se retrouve aussi dans le transept.

La Manécanterie ou maison des chantres, à droite de la façade de la cathédrale, présente une curieuse façade du XIe siècle, avec des arcatures et des incrustations. Elle a malheureusement été mutilée et mal restaurée.

Près de la Cathédrale, en amont, sur la même rive de la Saône, est le Palais de Justice, construction lourde dans le style classique, avec un péristyle de vingt - quatre colonnes corinthiennes trop rapprochées l'une de l'autre et fronton trop élevé. L'intérieur laisse également beaucoup à désirer.

Mais voici l'heure du déjeuner, traversons le Pont du Palais de Justice, prenons à droite le quai des Célestins où est le Théâtre des Célestins, puis en reprenant la rue Bellecour, nous voici arrivés à l'Hôtel Bellecour, place Bellecour.

Après le déjeuner, afin de ne pas fatiguer les dames, nous prendrons des voitures, ce qui nous permettra d'admirer plus à notre aise tous les monuments de Lyon.

En quittant l'Hôtel, nous prenons la rue de l'Hôtel de Ville, puis nous arrivons à l'*Église St-Nizier*, ancienne cathédrale, rebâtie au XV° siècle dans le style gothique, sauf son portail central, construction massive du siècle suivant.

L'*Hôtel de Ville* est un bel édifice, construit de 1646 à 1655, incendié en 1674, restauré en 1702 et en 1853. La façade principale, sur la place des Terreaux, est d'une grande richesse d'ornementation ; l'autre façade, sur la place de la Comédie, est plus simple et plus élégante. L'intérieur est remarquable, les appartements sont splendides. Dans le vestibule se voient des statues de la Saône et du Rhône, en bronze ; elles étaient au pied de l'ancienne statue de Louis XIV, place Bellecour.

La Place des Terreaux devant l'Hôtel de Ville, est la plus importante de Lyon, après la place Bellecour. La Fontaine qui décore la place depuis 1892, dite fontaine Bartoldi, est une œuvre d'art très remarquable, avec un groupe colossal en plomb repoussé : les Fleuves et les Sources allant à l'Océan.

Le *Palais St-Pierre* ou *des Arts*, au sud de cette place, est un vaste édifice du XVIIIe siècle, restauré depuis peu. Il appartenait jadis aux Dames bénédictines, dont le beau réfectoire a été conservé. Il a au centre une cour transformée en jardin public et entourée de galeries à portiques, en avant-corps, l'ancien cloître. Les Musées que renferme ce palais où il y a aussi une bibliothèque, sont des plus importants. Il y a un Musée de sculpture, un Musée de peinture, un Musée des antiques, un Musée lapidaire et un Musée d'histoire naturelle.

Le Grand Théâtre, construction peu remarquable élevée de 1827 à 1830, avec des arcades.

Le *Palais de la Bourse et du Commerce*, à gauche en venant de la Place du Grand Théâtre, est un des édifices les plus remarquables de la ville. Il a été construit de 1853 à 1860, dans un style renouvelé de la Renaissance. Il a deux façades magnifiques, mais un peu lourdes, avec leurs énormes pavillons à toits pointus. L'intérieur, qui est encore plus remarquable, rappelle par les dispositions du rez-de-chaussée la Bourse de Paris. C'est au sortir de ce palais que le Président Carnot a été assassiné en 1894, et l'endroit est marqué dans la rue par un dallage en ciment. Escaliers monumentaux, peintures décoratives dues au pinceau de Benchot; la salle d'audience du Tribunal, possède une magnifique toile de Hesse.

La seconde façade de la Bourse donne sur la place des Cordeliers, où s'élève aussi l'*Église St-Bonaventure*, du XVe siècle. On en remarque principalement les vitraux modernes, la plupart d'une couleur admirable.

Puis sur la rive droite, les vastes bâtiments de l'*Hôtel-Dieu*, dont la fondation remonte au VIe siècle. Son église, place de l'Hôpital, a une chaire, des sculptures en marbre et une châsse remarquables. Dans la cour, la statue du Dr A. Bonnet, professeur de clinique chirurgicale.

Le Pont de l'Hôtel-Dieu nous mène maintenant sur la rive gauche, dans le quartier moderne qui fait suite en amont, à celui de la Guillotière.

La Préfecture, près du pont, cours de la Liberté,

en est le principal édifice. C'est une grande et magnifique construction dans le style de la Renaissance, de 1880 à 1890. La façade, que précède un perron avec rampes en fer à cheval pour les voitures, est décorée de sculptures allégoriques. La partie principale est occupée par des salles de réunion et de réception et sur les côtés comme sur le derrière se trouvent les appartements du Préfet, les bureaux, les archives, etc.

Nous retraversons près de là, le Rhône, sur le beau Pont Lafayette, reconstruit de 1880 à 1890. Plus loin sur le quai de la rive droite, *le Lycée* où se trouve la *Bibliothèque de la Ville* qui compte environ 200.000 volumes et 2.400 manuscrits. On cite comme des plus précieux un manuscrit de plusieurs livres de la Bible du VIe siècle, le Pentateuque, Josué et les Juges, en partie retrouvés en 1895. Ensuite le beau Pont Morand et à gauche le Grand Théâtre. Puis la place Tholozan. Non loin de là, Place de la Croix-Paquet, la nouvelle *Ficelle* de la Croix-Rousse.

La Place Morand, au delà du pont de ce nom, sur la rive gauche, est décorée d'une fontaine en pierre, avec des génies et une statue de la Ville de Lyon.

De ce côté est le beau quartier moderne des

Brotteaux. La deuxième rue que traverse le Cours Morand, la rue de Vendôme y passe à droite, à l'*Église St-Pothin*, du style classique et près du Monument des victimes du siège de 1793, à gauche l'Église de la Rédemption, qui est moderne et inachevée, dans le style du XIII⁰ siècle.

Au pond-point qui précède l'entrée du parc de la Tête d'Or, se voit le *Monument des Enfants du Rhône*, érigé en mémoire de la défense nationale en 1870-71. Il se compose d'un groupe en bronze, sur un piédestal décoré d'un bas-relief représentant un lion mourant et d'un hémicycle entourant ce piédestal.

Le Parc de la Tête d'Or est une promenade digne d'une grande et riche cité comme celle de Lyon. Il a 114 hectares de superficie, et il est établi dans des terrains autrefois marécageux, préservés maintenant, comme les Brotteaux, des terribles inondations du Rhône par une puissante digue qui a coûté 2.530.000 francs. Au milieu est un vaste lac avec des îles, ce qui lui donne une certaine ressemblance avec le Bois de Boulogne de Paris. Une partie du Parc, à l'opposé du Rhône, a été transformée en jardins zoologique et botanique. Les serres y renferment des collections d'orchidées, de palmiers et de cycladées très remarquables,

Vendredi 11 Août 1899. — Départ de Lyon, 7 h. matin, chemin de fer, 2e classe.

Arrivée à Voiron, 9 h. 44.

Changement de train.

Départ de Voiron, 10 h.

Arrivée à St-Laurent du Pont, 11 h. 04.

SAINT-LAURENT DU PONT. — *Déjeûner à l'Hôtel de la Gare.*

Au départ de Voiron, le tramway qui suit en partie la route de St-Laurent, part de la gare, traverse le chemin de fer et monte beaucoup en faisant une quantité de circuits très prononcés. Belles vues. A 8 kilomètres de Voiron, après Saint-Étienne du Crossey, *le défilé du Grand Crossey*, long d'environ 2 kilomètres, entre des hauts rochers, et où l'on passe d'abord à une grande hauteur, puis dans un tunnel.

18 kilomètres. *St-Laurent du Pont*, petite ville dans une belle vallée. Elle a une église moderne, dans le style du XIIIe siècle, reconstruite par les Chartreux à la suite d'un incendie, avec des stalles du XIVe siècle d'une de leurs anciennes maisons. Plus loin à gauche, un hôpital dû aussi aux Chartreux.

La route de la Chartreuse, prend à droite de la place et remonte la *Vallée du Guiers-Mort*, qui est à peu près, en somme, la partie la plus intéressante de l'excursion.

2 kilomètres. *Fourvoirie*, endroit où se trouve le laboratoire des Chartreux pour leur liqueur, qu'on ne visite pas, ainsi que des usines, même des carrières de pierre à ciment. Son nom signifie « trouée » La vallée y est en effet si étroite que jadis il n'était pas possible d'y passer, avant que les Chartreux y eussent pratiqué, au XVIe siècle, un chemin qu'on a élargi de nos jours. *La gorge* qui se trouve au delà est magnifique, c'est le commencement *du Désert*, l'ancien domaine de la Chartreuse. A 4 kilomètres, le *Pont de St-Bruno*, de 42 mètres de hauteur, au delà duquel il y a un vieux pont pittoresque en ruine. La route continue de s'élever, sur la rive droite, à une grande hauteur au-dessus du Guiers. Un peu plus loin, à droite, le rocher dit l'*Œillette* ou *Aiguilette*. Ensuite un tunnel de 66 m. puis trois autres plus courts. A la sortie du dernier on aperçoit en face le Grand Som, avec sa croix. Puis on laisse à droite, à 1,700 m. en deçà du couvent, le Pont St-Pierre, par où nous irons tantôt dîner et coucher à St-Pierre-de-Chartreuse. Enfin une montée en lacets, et on aperçoit le couvent à gauche au dernier circuit, en sortant d'un bois, à 9 kilomètres de St-Laurent.

La Grande Chartreuse est le monastère qui fut fondé en 1084 par St-Bruno et devint la maison-mère d'un ordre jadis très répandu, d'où le titre de Grande qui la distingue. Plusieurs fois incendiée, elle a été rebâtie en dernier lieu en 1676, et elle n'a rien de bien remarquable comme architecture. L'entrée est au Nord, du côté opposé à celui de l'arrivée.

Les hommes sont admis à visiter le couvent et peuvent même y loger, mais non ceux qui voyagent en groupe ; les dames n'y sont pas admises, mais peuvent loger à côté, dans une dépendance tenue par des religieuses.

On distingue parmi les Chartreux des *Pères* et des *Frères*, en tout environ 150, servis par de nombreux domestiques salariés. Les religieux ont un costume blanc, excepté les frères qui n'ont pas encore fait de vœux, lesquels sont vêtus de brun dans la semaine. Les Pères, (38 à 40) se distinguent des frères en ce qu'ils ne portent pas de barbe. Ils sont prêtres et ils occupent des cellules, où ils se livrent à la prière, à l'étude ou à des travaux manuels, y prenant même leurs repas, sauf les dimanches et fêtes, où ils mangent en commun. Ils ne sortent que pour aller aux offices, le jour et la nuit, et pour une promenade dans le Désert, une fois par semaine. Ils sont astreints au silence, qu'ils ne rompent qu'à l'église et à la promenade, lorsqu'ils y sont autorisés par leur supérieur. Ils ne mangent jamais de viande, ne font qu'un repas substantiel par jour et jeûnent au moins une fois par semaine. Au cimetière, ils sont inhumés sans cercueil et la face en dessous, avec une croix de bois sans nom, sauf les supérieurs, qui ont un monument. Tout est naturellement dans le couvent d'une simplicité mon..cale. Le cloître, sur lequel donnent les cellules des Pères, a 215 mètres de longueur et 23 de largeur. On visite surtout la grande salle du chapitre, où sont les portraits des généraux de l'Ordre, des copies de la Vie de Saint-Bruno, une statue du Saint, une galerie où sont les plans des anciennes chartreuses, la jolie chapelle St-Louis, le cimetière et une cellule, quand il y en a une de vide. On ne voit l'église que d'une tribune. Le couvent a une bibliothèque de 25,000 volumes.

Pour le retour, environ 2 kilom. 1/2, jusqu'aux hôtels du Grand Som et du Désert à St-Pierre de Chartreuse.

Samedi 12 Août 1899. — Le matin ascension facultative du Grand Som, (6 h. aller et retour) ou visite du couvent.

St-PIERRE DE CHARTREUSE, 1800 habitants, situé à 849 mètres d'altitude, est une station climatérique très recherchée. Cette commune comprend plusieurs hameaux disposés sur un immense territoire, du Col de Paris (1352 mètres) au Col du Cucheron (1081 mètres). En 1846, St-Pierre de Chartreuse fut complètement réduit en cendres, les habitants furent recueillis par les Chartreux, qui les aidèrent plus tard à reconstruire leurs maisons et leur église. On jouit d'une vue magnifique sur la vallée de St-Hugue. et le Pic de Chamechande (2087 mètres) ; aux environs, les promenades sont nombreuses. St-Pierre de Chartreuse est éclairé à l'électricité et possède un bureau de Postes et Télégraphes.

Pour le retour par le Sappey, la route reste généralement sous bois et la vue ne se dégage bien qu'aux abords du Sappey, puis elle quitte la vallée et remonte. On a encore une belle vue en arrière sur le Grand Som. En face, *Chamechaude* (2067 mètres), sommet principal du massif de la Chartreuse. Montée assez monotone de plus de 2 heures. — 12 kilomètres ; *Col de Porte* (1352 m.), dans une forêt entre Chamechaude à gauche et la Pinéa à droite. Ensuite une descente rapide. — 13 kilomètres 1/2 *Sarcenas*. Sortant enfin de la forêt, on commence, par un temps clair, à jouir de *la vue des Alpes du Dauphiné* par-delà la vallée de l'Isère. — 16 kilomètres. *Le Sappey* (1000 mètres), village d'où la route descend dans le vallon de la Vence, pour remonter par une belle gorge boisée. — 21 kilomètres 1/2. *Col de Vence* (750 mètres), entre le St-Eynard à gauche, et le Rachais à droite. La partie la plus intéressante de cette route est au delà du Col, (Auberge de la Chapelle) à cause *de la vue splendide* qu'on a à la descente sur les vallées de l'Isère et du Drac et les montagnes de l'autre côté, une grande partie du Haut-Dauphiné. On aperçoit même à gauche le Mont Blanc. — 26 kilomètres 1/2 *La Tronche*, où l'on se retrouve dans la vallée de l'Isère.

GRENOBLE. *Grand Hôtel Monnet. Place Grenette.* Devant revenir à Grenoble et y passer quelques jours, nous parlerons plus tard de cette belle ville.

Dimanche 13 Août 1899. — Messe à 6 h. Petit déjeuner à 6 h. 30. Départ de Grenoble à 7 heures précises dans des voitures pour aller déjeuner à Villars de Lans et coucher à Pont-en-Royans. 6 kilomètres, *Sassenage* que nous visiterons Mercredi, la route traverse la localité et gravit plus loin, en tournant à gauche, une côte très raide de 4 kilomètres de long, on a de là, une très belle vue à droite, puis à gauche ; dans le bas, St-Egrève, dominé par le Néron. On arrive enf· dans le *passage des Portes d'Engins*, défilé où coule ·˜uche le Furon, qui forme une cascade et plus   .s les gorges que nous visiterons de Sassenage. 14 kilom. *Engins*. C'est environ 5 kilomètres plus loin que la route traverse *les Gorges d'Engins*, longues de 2 kilomètres et fort pittoresques, mais qui sont encore peu de chose en comparaison de celles de la Bourne. On y remarque des rochers striés par un ancien glacier.

Ensuite vient une plaine un peu monotone d'environ 7 kilomètres de long, jusqu'au Villard. — 21 kilomètres *Jaume*. La vallée est fermée du même côté par la chaîne aride des Montagnes de Lans. dominée par le Moucherolle. Bientôt après on rencontre à droite la Bourne naissante, qui coule d'abord paisiblement dans la prairie.

28 kilomètres. *Le Villard de Lans* (1040 mètres). *Déjeuner à l'Hôtel Imbert.* Bourg qui n'a par lui-même rien d'intéressant. La route de Pont-en-Royans fait un circuit pour descendre à la vallée de la Bourne, que les piétons gagnent par un raccourci, au Sud-Ouest. *Les Gorges de la Bourne* commencent à 3 kilomètres 1/2 du Villard. Le ruisseau si paisible

qu'on a vu dans les prairies de Lans, y prend à 1 h. 1/2 de sa source, les allures des torrents les plus furieux.

Les gorges de la Bourne sont si étroites et les rochers qui les bordent si escarpés, qu'il était impossible d'y passer avant l'élargissement de la route en 1874. Cette route, en partie à une grande hauteur au-dessus du torrent, y est en bien des endroits taillée sous les rochers, en encorbellement au-dessus de l'abîme ou même en tunnel, quand elle n'est pas obligée de changer de rive pour tourner de plus grands obstacles. Elle est donc excessivement pittoresque, et les coups d'œil y varient à chaque instant. La première gorge a environ une heure de long, et l'on y passe dans 3 tunnels et sur 2 ponts, le second, à 8 kilomètres du Villard, de 33 mètres de haut et nommé *Pont de Goule noire,* à cause d'une grotte voisine.

La route qui passe par les Goulets prend à gauche en deçà du pont de Goule noire et s'élève au sud par la montagne, 2 tunnels — 43 kilomètres de Grenoble. St-Julien de Vercors. Ensuite on redescend — 46 kilomètres *St-Martin en Vercors* — 51 kilomètres *La Baraque,* hameau situé en amont des Grands Goulets.

Les Gorges de la Vernaison sont au moins aussi

grandioses que celles de la Bourne. La première, *les Grands Goulets*, de 2 kilomètres de long, commence un peu en aval de la Baraque. La route y passe à 80 mètres au-dessus du torrent, par des tunnels et des galeries, et sur des rochers en encorbellement. Ensuite vient une petite vallée, puis à 6 kilomètres des précédents, *les Petits Goulets*, où il y a 5 tunnels et où l'on est jusqu'à 150 mètres, au-dessus de la Vernaison.

Avant la création de la voie des Goulets les montagnards ne pouvaient communiquer avec Pont-en-Royans, que par la crête de l'Allier, piétons et mulets descendaient d'abord le bassin de la Vernaison jusqu'à l'entrée des gorges ; de là atteignaient les cîmes en suivant des sentiers où les chèvres elles-mêmes auraient pu cent fois se rompre le cou. Dès 1843 on se mit à l'œuvre et en moins de dix années le Vercors se trouvait enfin relié à Pont-en-Royans par la route désormais fameuse des Goulets. Le problème était difficile à résoudre. La Vernaison descend par une fissure étroite, longue de plusieurs kilomètres et dans laquelle elle fait une chute totale de 400 mètres. A l'entrée et à la sortie, elle est enserrée entre d'immenses rochers à pic où il fallut descendre les ouvriers à des cordes pour entailler la pierre. Ce ne fut qu'au prix de formidables travaux qu'on arriva à frayer le passage.

61 kilomètres *St-Eulalie.* — 63 kilomètres, *Pont-en-Royans.*

PONT-EN-ROYANS. *Nouvel Hôtel Bonnard.*

PONT-EN-ROYANS, toute petite ville dans un site excessivement pittoresque, sur des rochers escarpés de 5o mètres de haut, au confluent de la Bourne et de la Vernaison est dominée par une hauteur où sont les ruines d'un château-fort.

Lundi 14 Août 1899. — Départ de Pont-en-Royans à 7 heures du matin.

Retour par la vallée de la Bourne, dont le fond du bassin est très vert, les prairies sont superbes, tout autour se dressent, d'un jet, de formidables escarpements. Au sud-est le Vercors, sur lequel monte une belle route, au nord-est une longue crête couverte jusqu'à la cîme de noires forêts de sapins. Sur les pentes les hameaux sont nombreux, les maisons sont vastes, car elles abritent des troupeaux de chèvres, ayant parfois jusqu'à 20 ou 25 têtes, et d'autre bétail. Les chèvres produisent du fromage dit de Saint-Marcellin, que viennent chercher des marchands de cette ville et de Vinay.

Puis soudain on voit s'ouvrir un bassin assez ample au fond duquel sont les maisons cossues du grand et beau hameau des Balmes-de-Rencurel.

Déjeuner à l'Hôtel-Belle à La Balme de Rencurel. (Isère.) Le chemin du Pas de l'Echelle monte à Rencurel par de grands lacets, il remonte la vallée en desservant de grosses fermes très propres. Les paysage est singulier, partout sont des hêtres noueux, tordus, étêtés et difformes. Chaque année, on coupe les branches et l'on en fait des fagots ; ces rameaux desséchés sont donnés aux chèvres pendant l'hiver, elles broutent les feuilles et les plus petites ramilles.

Puis on arrive au col à 1074 mètres d'altitude, et l'on redescend jusqu'au pont jeté sur la Drévenne et portant une route forestière. On est au fond d'une coupure profonde pratiquée par le torrent dans la haute chaîne du Bas-Graisivaudan.

Le chemin y pénètre en se frayant passage par des encorbellements creusés au flanc d'un abime grandiose d'où monte le bruit d'une cascade. La Drévenne tombe ici d'une hauteur de 150 mètres. Du parapet de la route on domine le gigantesque abime. Le défilé est *le Pas-de-l'Echelle*, jadis terrible, aujourd'hui facile. La route étroite est continuellement creusée au flanc de ce rocher à pic, haut de plus de 200 mètres. Pendant un kilomètre ce ne sont que galeries, tunnels, encorbellements.

A l'issue d'un des tunnels on a une éblouissante vision. A plus de 500 mètres de profondeur apparait tout à coup la vallée de l'Isère, verte, fleurie, remplie de noyers et de mùriers; au delà se dressent, vertes aussi, les hautes collines de la Côte St-André Dans les arbres, par les champs, par les près, des hameaux, des villages, des bourgs, des petites villes aux toits rouges semblent semés. C'est une vue sublime, une de celles dont le regard ne peut se détacher.

Puis l'on vient passer bien en dessous du Pas-de-l'Echelle, l'on voit toute la paroi lisse dominant la cascade écumante. Aux flancs, creusée dans la roche vive, apparait la route que nous venons de descendre. Certes le passage est d'une inexprimable grandeur, mais bien grand aussi est le génie humain qui a osé forer un paysage dans l'inabordable falaise.

La route franchit la Drevenne sur un pont, au-dessous de la cascade. Les pentes de la montagne sont couvertes de hêtre et de buis aux senteurs apres. Ces broussailles sont exploitées, elles servent de litière.

Peu d'habitations ici, des petits près émaillés de

primevères et des taillis se succèdent jusqu'en vue de la tour ruinée de St-Gervais. Un sentier bordant un ruisseau nous conduit au village. Voici l'Isère rapide et grise, puis la forêt de noyers, etc, etc.

Rentrée à Grenoble vers 7 heures du soir.

Mardi 15 Août 1899. — GRENOBLE est une ville de 64.002 habitants, l'ancienne capitale du Dauphiné, aujourd'hui le chef-lieu du département de l'Isère, et du commandement d'une subdivision du XIVe corps d'armée, le siège d'un évêché, d'une université, etc etc, sur l'Isère, qui la divise en deux parties inégales, celle de la rive droite relativement très petite. C'est en outre une place forte de 1re classe, défendue par une enceinte continue plusieurs fois agrandie et par des forts détachés, à l'extrémité du massif de montagnes que contourne l'Isère et qui en dominent la rive droite. Mais ce qui fait de Grenoble une des principales villes de France pour les touristes, c'est le site original qu'elle occupe, à la jonction des belles vallées de l'Isère et du Drac et au milieu de montagnes s'élevant jusqu'à 3.000 mètres, qui lui font un horizon superbe, particulièrement en hiver et au printemps, quand les crêtes sont couvertes de neige.

La place Grenelle, où est situé notre hôtel, est le centre de la ville, elle est décorée d'une fontaine avec des dauphins en bronze, et on voit de là, au Nord, le sommet de St-Eynard.

Si l'on veut aller du côté de la gare, on prend la rue Montorge, à gauche l'Hôpital-Général, puis on croise le cours St-André, puis l'avenue de la Gare.

Un passage voûté à gauche de la Fontaine, à la rue Montorge, conduit *au Jardin de Ville*, promenade très fréquentée et transformée de nos jours en jardin anglais. C'est l'ancien jardin de l'hôtel de Lesdiguières, dont une partie subsiste dans l'Hôtel-de-Ville, à l'Est, où l'on remarque une inscription rappelant une des assemblées qui ont préparé la révolution de 1789.

Derrière ce jardin, *la Place St-André*, avec une statue de Bayard, l'illustre chevalier, né en 1476, dans le Dauphiné, mort en 1524 à Romagnano et non à Rébecq, quoi qu'en dise l'inscription, qui lui attribue en outre des paroles apocryphes, *L'Eglise St-André*, ancienne chapelle du château des Dauphins, du XIIIe siècle, n'a de remarquable que son clocher gothique. On y voit, à gauche du chœur, un monument du style de la Renaissance élevé aussi de nos jours à Bayard. Dans le bras droit du transept, un martyre de St-André, par Restout.

Le Palais de Justice, au Nord de la place Saint-André, est l'un des principaux édifices de Grenoble. Il a remplacé au XVe siècle le château des Dauphins. Une partie a été reconstruite depuis 1889, dans le style primitif. L'intérieur des salles est visible, sur demande faite au gardien. Elles sont surtout remarquables par leurs magnifiques plafonds et leurs lambris. La 1ʳᵉ chambre, en reconstruction, dans la partie ancienne, donnant sur la cour du Tribunal, avait des boiseries de 1521-1524, une cheminée monumentale en partie de la même époque par Paul Jude, et un plafond à caissons du XVIIe siècle qui y seront sans doute replacés. Dans la cour voisine, dite de la Cour d'Appel, se trouvent la salle solennelle et une salle ordinaire qui ont des plafonds et des boiseries du temps de Louis XIV, ainsi que la Cour d'Assises, qui a un beau plafond neuf.

La rue du Palais et la rue Brocherie, à l'est de la Place St-André, conduisent à la *Cathédrale Notre-Dame*, construction lourde des XIe, XIIo et XVIe siècle, dont le portail a été refait de nos jours dans le style roman. Elle a dans le chœur, à droite, un très beau *Tabernacle* en pierre, de 1455-1457, haut de plus de 14 mètres, mais privé de ses statues. A côté, un trône épiscopal en bois du même style, en face, un tombeau d'évêque érigé en 1407. aujourd'hui aussi sans statue. A l'abside, des bas-reliefs dorés du XVIII⁰ siècle, des scènes de la vie de la Ste-Vierge.

Sur la même place, le monument du Centenaire de la Révolution Dauphinoise en 1789.

Nous prenons maintenant à droite de la Cathédrale pour aller dans le quartier neuf, au milieu duquel se trouve, à droite, la grande et belle *Place de la Constitution*, entourée d'édifices modernes remarquables. Au Sud est le vaste *Hôtel de la Préfecture*, dans le style de la Renaissance. En face, l'*Hôtel de la Division militaire* et l'*Université*; l'*École d'Artillerie* et le *Musée-Bibliothèque*. Au milieu de la place, un petit square avec un jet d'eau.

Le Musée est toujours visible pour les étrangers.

Le Jardin des Plantes, à peu de distance, à gauche derrière la Préfecture, comprend un jardin botanique et une petite promenade, ouverte toute la journée. L'entrée est par la rue Dolomieu. Il y a un *Muséum*, public tous les jours de 11 à 4 heures.

Sur la Place qui porte son nom, à l'Ouest de celle de la Constitution, s'élève la statue de

Vaucanson, le célèbre mécanicien (1709-1782) né à Grenoble. Derrière, l'*Hôtel des Postes et Télégraphes* et le Square *des Postes*, avec le monument de *Doudart de Lagrée* (1823-1868) premier explorateur du Mékong, à qui nous devons la découverte de la navigation du Fleuve Rouge, qui nous permit l'occupation du Tonkin.

Ça et là, au débouché d'une avenue, sur les places, sur les quais surtout, les bords de l'Isère rapide et grise, on a une vue magique sur les Monts. La ville est immédiatement dominée par le Rachais, dont les éperons portent les forts si pittoresques de la Bastille et du Rabot. Puis, c'est le massif, superbe de formes et de couleur de la Chartreuse, le casque de Néron, si aigu, le mont St-Eynard, si majestueux ; en face les hautes montagnes boisées de Belledonne, portant des champs de neige et de glace à leur sommet, les crêtes décharnées, mais superbes, des trois Pucelles, du Moucherotte, et de la grande Moucherolle, le Grand Serre, le Taillefer et d'autres sommets sans nombre faisant à la ville une couronne prestigieuse de pics et de dômes, roux, verts ou neigeux.

Le paysage s'étale largement, très net dans ses moindres détails, un seul point, à l'est, montre des perspectives un peu fuyantes. Là, entre la Pyra-

mide de Taillefer et les sommets neigeux de Belledonne, s'ouvre une faille profonde paraissant
pénétrer au cœur même des montagnes et vers
laquelle on se sent attiré. Cette porte, dans les
Alpes, gardée par le Conex abrupt, le Grand Serre
couronné de pâturages, les bois et les prairies de
Chamrousse, est la vallée de la Romanche ; dans
cette gorge étroite pénètre le chemin de fer du Bourg
d'Oisans.

Les quais sont remarquables, avec trottoirs en
ciment du pays, employé aussi avec avantage dans
plusieurs rues. Il y a quatre ponts, deux en pierre
et un pont suspendu.

L'église de ce quartier, *Saint-Laurent*, surtout
du XIe siècle, n'a de remarquable qu'une crypte
beaucoup plus ancienne, peut-être du VIe siècle en
forme de croix terminée par des hémicycles ; elle
a 28 colonnes, dont 15 en marbre blanc de Paros.
On y descend du dehors, sous la conduite du
sacristain, qui demeure en face.

Grenoble a une assez belle promenade *dite de
l'Ile Verte*, en dehors de l'enceinte, à l'est, entre
la porte de ce nom, sur la rive gauche et la porte
des Adieux, par où l'on va au cimetière.

Après le déjeuner : Départ de Grenoble, 1 h. 37.

Arrivée à Uriage, 2 h. 22.

Retour d'Uriage, 6 h. 01 soir.
Arrivée à Grenoble, 6 h. 48.

De Grenoble à Uriage, nous sommes en pleine vallée du Graisivaudan, dans un pays d'une richesse inouïe. Ici, la vigne grimpe aux ormeaux et aux mérisiers, dans les champs où les céréales, les maïs, les légumes, les fourrages artificiels se succèdent ou se mêlent. Dans ces terres fertiles on fait trois ou quatre récoltes par année. Il faut aller jusque dans le Comtat, aux environs d'Avignon et de Cavaillon, pour trouver une telle splendeur de végétation. A gauche, la masse de Saint-Eynard dont les escarpements vertigineux sont couronnés par le fort, à droite, les hautes et blanches cimes de Belledonne dominent cet opulent bassin.

Entre ces immenses parois de la Chartreuse et ces superbes montagnes de Belledonne, la vallée, large, lumineuse, semble sans fin.

Puis c'est le *Maupas* ou *Mauvais Pas*. Jamais nom ne fut plus immérité; les prés, les bois, les eaux ruisselantes font de ce vallon une chose charmante. On suit enfin une gorge étroite, très verte, dominée par les petites montagnes qui portent le fort des Quatre Seigneurs et le village de Venon.

URIAGE est une petite localité renommée par

ses bains et située dans un joli vallon, qu'entourent des coteaux boisés, avec un vieux château et de charmantes villas. Les bains sont alimentés par une source chlorurée sodique et sulfureuse abondante, bien plus fortement minéralisée, mais moins chaude (27°) que celles d'Aix-la-Chapelle (55°). L'eau d'Uriage est fortifiante et dépurative; elle convient surtout aux personnes délicates et elle s'emploie spécialement contre les maladies cutanées.

L'établissement proprement dit, est fort bien organisé. Il est adossé à la colline du château. A côté s'étend une grande promenade qui manque, un peu d'ombre.

La Chapelle d'Uriage, bâtiment très modeste, un peu plus loin, à droite, attenant à l'Hôtel du Rocher, a 16 tableaux de maîtres anciens, surtout : *Paul Véronèse*, l'apparition de la Vierge à deux solitaires ; *Lor. Lotto*, Jésus au milieu de ses apôtres, bénissant une jeune fille ; *C. Dolci*, la Descente de Croix, tous trois au maître autel. Il y a aussi un beau rétable en bois.

A 15 minutes d'Uriage, *Le Château d'Uriage*, (ouvert pour nous), date des XIIIe-XVIe siècle, il est plus remarqnable par son site que par son architecture. Ce qui lui mérite aussi particuliè-rement une visite, ce sont ses belles collections d'antiquités égyptiennes, grecques, romaines et du moyen-âge, des médailles, des tableaux anciens et des tapisseries.

Mercredi 16 Août 1899. — Dans la matinée nous visiterons les *Etablissements de Messieurs Perrin frères et C*, composés de la mégisserie, la teinturerie et la ganterie. La maison Perrin frères date de 1860. Les produits de cette importante maison sont très renommés ; sa production annuelle est de plus de 90 mille douzaines de gants.

Monsieur Paul Perrin, un des fondateurs de la maison, est Président de la Chambre Syndicale de la Ganterie grenobloise et Membre de la Commission départementale de l'Exposition universelle de 1900.

Après le déjeuner, nous prendrons un tramway partant de la place Malakoff, pour Sassenage et les gorges du Furon.

Sur tout le parcours, se déroule un panorama ravissant où l'on découvre la vallée de l'Isère, le Casque de Néron, le Mont Jula et la Moucherotte.

Apiès avoir passé la station de Fontaine, on arrive à Sassenage.

Sassenage, à 6 kilomètres de Grenoble, 1.600 habitants, est une des localités les plus intéressantes à visiter aux environs, elle est située dans une contrée pittoresque et est construite sous la montagne qui cerne d'un côté la *Vallée du Graisivaudan*, tout est coquet et propre; on y respire la gaité et l'aisance.

Après une visite à l'église qui date du XIe siècle, où se trouvent les cendres du connétable de Lesdiguières, ramenées depuis 1822 par les soins de la famille de Bérenger, les principales curiosités de Sassenage sont : Le Château des Cuves, architecture féodale, à M. Terray; le Château de Sassenage à M. de Bérenger; les Grottes et les Cuves.

Les Grottes et les Cuves sont situées à 15 minutes de Sassenage. Après avoir traversé une pelouse, on se trouve en présence d'une gorge boisée, au milieu de laquelle *le Furon* coule avec fracas. Au bruit que l'on entend et à la vapeur qui s'élève dans le fond, on devine de nouvelles cascades et l'on s'empresse de suivre le sentier de gauche qui monte le long de la gorge où l'on aperçoit bientôt la seconde chute d'eau. Des inégalités de rochers divisent l'onde formant des accidents variés qui charment; du bord opposé tombe dans le même abîme une seconde branche du torrent, toute cette masse blanche d'écume mugit avec fracas à travers le feuillage. Au-dessus une autre cascade s'élance comme un arc de cristal qui disparaît ensuite. Plus loin l'œil se repose sur des sommets arrondis d'une montagne coupée à pic sur la gauche, se changeant plus loin en un énorme rocher surplombant le visiteur comme pour l'anéantir.

En continuant à monter, on rencontre un large ruisseau semé de rocs mousseux, qui coupent le chemin, on aperçoit alors une ouverture de forme carrée ; c'est la naissance des Grottes. Une nouvelle cascade en remplit le fond sans que l'on puisse en apercevoir le point de départ. Les eaux des Cuves proviennent du Furon, dont l'infiltration se fait au travers des couches de la montagne, vers Engins.

Le Furon est le torrent qui descend en multiples cascades des accidents de la montagne avant d'arriver à Sassenage ; il prend sa source dans les montagnes de Lans, au pied de la Grande-Roche St-Michel. Ceux qui osent avancer au milieu de la vapeur des eaux et du vacarme effroyable provoqué par toutes ces chutes, qui sont au printemps très abondantes, aperçoivent une autre ouverture à laquelle on parvient après avoir traversé le ruisseau. A l'entrée de la galerie souterraine se trouvent *deux excavations circulaires* creusées par la nature. Ce sont les fameuses *Cuves de Sassenage* classées comme *Merveille du Dauphiné* où la *Fée Mélusine* venait prendre ses bains.

On montre un peu plus haut la table de pierre où elle venait manger et qu'on appelle encore la *Table de Mélusine*. Les anciens attribuaient à ces cuves la fertilité ou la stérilité, selon qu'elles se trouvaient pleines d'eau la veille de la Fête des Rois. *Mélusine* était une sirène mystérieuse, moitié femme, moitié serpent, à qui les chroniqueurs font remonter l'origine de la puissante famille des *de Sassenage*. La visite de la Grotte peut se faire en une heure. Cette promenade offre des détails merveilleux qui laissent une impression inoubliable. Le visiteur désireux de compléter cette agréable course suivra en quittant la Grotte, le ruisseau qui en descend et traversera le Furon pour redescendre à Sassenage par un sentier qui longe la propriété de M. A. Terray. De ce côté, il jouira de la magnifique vue d'ensemble sur la *Grande Cascade du Furon*, et dans le fond, la *Grotte Mélusine* toute sombre, avec son bruit mystérieux, Ce coup d'œil est si imposant que l'on se croit pendant un instant absolument isolé et transporté dans un des lieux les plus reculés du monde.

Jeudi 17 Août 1899. — Départ de Grenoble, 8 h. 3o matin, chemin de fer, 2ᵉ classe.

Arrivée à St-Georges de Commiers. 9 h. 08.

Départ de St-Georges de Commiers, 9 h. 25.

Arrivée à La Mure, 11 h. 13.

La Mure. — *Déjeuner à l'Hôtel Pelloux.*

Chaque jour pendant l'été, à la station de Saint-Georges de Commiers, à l'arrêt du train venant de Grenoble, on voit les portières s'ouvrir brusquement et descendre de nombreux voyageurs qui, au pas de course, se précipitent vers un autre train : c'est *le chemin de fer de la Mure* et il faut se hâter pour avoir une bonne place au fond des wagons, sous peine de ne jouir qu'imparfaitement du paysage, *car il faut se placer à droite pour la vue.*

De suite le chemin de fer de la Mure a conquis une juste renommée, et aujourd'hui, on ne saurait venir à Grenoble sans faire cette promenade; il n'est pas banal, en effet, de parcourir dans un train cette gorge sauvage, fermée aux hommes jusqu'au jour où l'audace des ingénieurs a osé y faire passer une voie ferrée, s'enfonçant dans des souterrains pour se cramponner un peu plus loin aux rochers.

La pente est parfois si escarpée, que l'on a dû accrocher aux flancs de la montagne des sortes de balcons sur lesquels court la voie, pendant qu'à des centaines de mètres plus bas gronde le Drac.

On a quitté, il y a un instant, des paysages

riants, traversé des prairies, des vignes, des champs
à la riche parure pour entrer dans une région où
la nature a semblé réunir tout ce qu'elle peut avoir
de sauvage et de désolé, et bientôt, au sortir d'un
tunnel, on retrouve de nouveau une vallée aimable,
fraiche, boisée ; en-dessous, un château se dresse
sur un mamelon, couvert de beaux arbres : c'est
le *Château de la Motte*, station balnéaire bien
connue.

L'art des ingénieurs a dû chercher le moyen de
quitter le vallon de Vaulx, atteint presqu'à sa base
et do. t il faut sortir par sa partie la plus élevée :
aussi, pendant une heure, la voie se tord comme
un serpent, revenant sans cesse sur elle-même,
franchissant même des viaducs superposés, avant de
gagner la *Motte d'Aveillans*. Là, la gare est pleine
de wagons de charbon, car on est au centre d'un
bassin houiller important et ces wagons vont tout
à l'heure vider leur contenu dans ceux du Paris-
Lyon-Méditerranée.

Un tunnel nous fait passer dans la *Mateysine*,
dont *La Mure* est la capitale. Cette petite ville qui
a un passé glorieux dans l'histoire du Dauphiné,
n'est plus qu'un centre commercial important.
Chaque semaine, la longue rue dont elle est formée
se remplit de paysans qui viennent pour le marché

et pendant quelques heures, une animation extrême l'envahit pour faire place au silence le reste de la semaine ; il y a aussi des fabriques de clous et de toile d'emballage, des marbreries, etc.

La route de Corps et Gap, que nous prendrons ensuite avec des cars alpins, descend de la Mure par des lacets qui coupent le vieux chemin dans la vallée de la *Bonne*, affluent du Drac.

5 kilomètres. *Le Haut-Pont*, où on la traverse et laisse à gauche la route de Valbonnais. Ensuite on monte sur le plateau fertile de Beaumont, qu'arrose un canal dérivé de la Bonne, à la Chapelle-en-Valjouffrey. A droite les montagnes du Dévoluy, surtout l'Obiou, au delà duquel apparait le Mont Aiguille. — 12 kilomètres *La Salle*. La route court ensuite à une grande hauteur sur la rive droite du Drac, puis descend pour remonter par un lacet, à gauche au débouché du vallon de la Salette.

25 kilomètres. *Corps*, toute petite ville, sur une terrasse dominant au sud la vallée du Drac.

C'est à Corps que l'on prend le chemin qui conduit au célèbre pèlerinage de *La Salette*, où depuis 1846, accourent, chaque année plus nombreux, des milliers de pèlerins venus de tous les points de la France et de l'étranger, et que n'effraient ni la longueur ni les fatigues du voyage. Une vaste église de style roman a été édifiée à 1,800 mètres d'altitude, non sans difficultés, et elle est entourée de bâtiments importants où se trouvent le couvent des Pères de la Salette et une hôtellerie pour les pélerins. Le pèlerinage est dominé par le Mont Gargas, d'où l'on découvre un immense panorama.

Dans l'hôtellerie, il y a deux corps de bâtiments, l'hôtellerie de droite pour les dames et l'autre pour les hommes.

Nous visiterons aussi la sacristie, dont le trésor est très riche. Sur le lieu même de l'apparition, devant l'église sont des groupes de statues qui en représentent les pieuses scènes.

La hauteur voisine surmontée d'une croix offre une vue curieuse du Dévoluy, qu'on voit déjà bien du bas.

Vendredi 18 Août 1899. — Départ de la Salette à 7 heures précises du matin pour venir déjeuner à La Mure.

A 1 h. 15 précise, départ en voiture par les Lacs de Laffrey.

Peu après avoir quitté La Mure, quel enchantement pour les yeux que de découvrir les eaux bleues du *Lac de Pierre Chatel*, dont la route suit les bords, près le *Lac du Petit Chat*, enfin le *Grand*

Lac, dont les eaux sont plus bleues encore et qu'encadrent de jolies collines cultivées, semées de bouquets de bois et que domine la masse du *Grand Serre*. Derrière nous, l'*Obiou* ferme l'horizon, pendant qu'à l'opposé le massif de la Chartreuse montre sa forêt de pics. Une petite colline boisée cache encore un lac plus petit, mais charmant aussi, le *Lac-Mort*, moins visité que les autres.

Au sortir de Laffrey, un abîme se creuse, car une paroi abrupte sépare le plateau des lacs de la vallée de la Romanche, qui coule 600 mètres plus bas. En descendant, on ne cesse d'admirer cette vallée profonde, dominée par les derniers contreforts du massif de Belledonne, dans laquelle s'étale Vizille, pendant que s'enfoncent au loin les vallées de Vaulnaveys et d'Uriage.

A Vizille, on quitte les voitures et par le chemin de fer de P.-L.-M., qui part de Jarrie-Vizille, à 4 h. 29 soir, on arrive à Grenoble à 4 h. 54.

VIZILLE, à 17 kilomètres de Grenoble, 4,516 habitants, chef-lieu de canton, très important, bâti entre de magnifiques collines dans la vallée et sur la rive droite de la Romanche, est une ville très ancienne qui remonte à l'an 991.

Château de Vizille. L'intérieur de ce château

n'offre rien de bien remarquable, si ce n'est la *Salle du Jeu de Paume*, restée célèbre comme ayant été le prélude de la Révolution Française, où se réunirent les Députés Dauphinois, le 21 juillet 1788. Ce souvenir est rappelé par un monument élevé sur la place du Château. Plus tard, en 1825, il fut en partie détruit par un incendie et en 1865 un second incendie fit disparaître une des salles principales. La partie la plus historique, qui avait été préservée, fut restaurée par la famille Casimir Perrier, qui lui conserva, extérieurement, son aspect primitif.

Il ne reste plus aujourd'hui de l'ancien château que quelques ruines dominant le nouveau qu'on appelle *Château du Roi*, dont la porte principale supporte la statue équestre du connétable de Lesdiguières. Le Château possède un magnifique parc, une grande pièce d'eau au milieu de laquelle se trouve une belle cascade.

Samedi 19 Août 1899. — Départ définitif de Grenoble à 8 h. 30 matin. Chemin de fer, 2ᵉ cl.

Arrivée à Jarrie Vizille à 8 h. 57.

Changement de train.

Départ de Jarrie-Vizille 9 h. 10 matin.

Arrivée à Bourg d'Oisans 11 h. 35.

Bourg d'Oisans (Isère). *Grand Hôtel.*

En quittant Vizille, le train traverse une partie de la ville, longe le mur du Château et arrive à l'arrêt de *Chaudon*, d'où l'on aperçoit la papeterie de M. Peyron, remarquable par sa force hydraulique, sa belle installation et dont les spécialités sont très appréciées dans le commerce. Après le Chaudon vient *le Péage de Vizille*, où se trouvent d'importantes fabriques de soie. A droite, on peut voir sur la pente du coteau, la commune de Saint-Pierre de Mésage, reliée au Péage par un pont sur la Romanche. La ligne, tournant à l'Est, s'encaisse au milieu de montagnes couvertes de sapins, suit le cours de la Romanche, bordée par des murs, des parapets et des rochers à pic. Ce parcours d'une longueur de 3 kilomètres est admirable. Vient ensuite l'*Ile Falcon*, entourée de montagnes boisées sur lesquelles se trouvent *les Lacs de Laffrey*.

Suivant toujours la rive droite de la Romanche, on arrive à la station de : *Séchilienne* c'est le vestibule de la grande vallée de l'*Oisans*. A gauche, d'immenses escarpements commandent l'étroit passage, 1.000 ou 1.500 mètres au-dessus de la rivière, roches tragiques d'où descendent de formidables éboulis, mais bien belles avec leur parure d'arbres verts qui ont crû dans tous les interstices. Pour éviter les éboulis, la route passe sur la rive gauche où elle suit les pentes de montagnes plus hautes encore, mais moins fièrement dressées. Ce sont les contreforts du *Taillefer* (2.861 mètres) et du *Cornillon* (2.500 m.). De ce côté, quelques groupes de maisons ont pu s'établir, le plus important, *Gavet*, est à l'entrée d'une énorme fissure sur laquelle se précipite un torrent venu du *Lac Fourchu*, endormi au pied du Taillefer et devant ce nom bizarre à sa forme. Autour du Lac Fourchu, d'autres nappes plus petites s'étalent : le Lac Canard, le Lac de la Vache, le Lac de l'Agneau, le Lac Culasson. La présence de ces petits bassins explique les nombreuses cascades ruisselant des hauteurs.

La vallée n'est qu'un immense éboulis ; des blocs énormes sont venus s'arrêter au bord du torrent ; entourés d'arbres, noyers ou châtaigniers, ils perdent un peu de leur aspect chaotique. La gorge est cependant déserte et triste ; tout à coup, au delà du petit hameau *des Cléveaux*, apparaissent de hautes cheminées, de vastes bâtiments et montent des bruits de machines, en même temps on est saisi par l'odeur spéciale des papeteries. C'est en effet une des plus importantes papeteries de ce département placé à la tête de la production des papiers en France, l'*Usine de Rioupéroux*, installée à la place d'une usine métallurgique. La Romanche lui fournit une force motrice inépuisable et permet d'éclairer cette sombre gorge à l'électricité.

Puis la route remonte la Romanche et traverse le joli village de *Livet*, où la route passe un instant sur la rive droite, au pied du *rocher de l'Homme*, dont l'altitude dépasse 2.000 mètres. Ici la vallée s'élargit un peu, ses flancs sont couverts de belles forêts, surtout au Nord, où les sapins sont d'une superbe venue,

La Romanche roule de rocher en rocher, par une série de chutes puissantes, dont chacune pourrait faire mouvoir une usine comme Rioupéroux.

Ces rochers sont les débris d'un immense barrage formé par les éboulements de la grande *Vaudaine*, ramification méridionale de Belledonne et de l'Infernet, un des éperons de la cime du Cornillon. A la suite de grandes pluies, ces montagnes, situées sur chaque rive de la Romanche, avaient en partie glissé dans la gorge et retenu les eaux. L'Oisans tout entier avait été transformé en un lac d'une grande profondeur, qui s'étendait du Nord au Sud sur près de

15 kilomètres de longueur, atteignant environ 2 kilomètres en largeur. Toutes les habitations furent noyées ; le Lac reçut le nom de *Lac Saint-Laurent*. Il s'empoissonna, la pêche fut attribuée aux religieuses de Prémol.

Il semblait que cette immense nappe dût subsister éternellement, tant le barrage était puissant ; mais le 14 septembre 1219, date restée fameuse dans l'esprit des Grenoblois, le barrage céda, les énormes matériaux qui le composaient furent entraînés jusqu'au delà de Séchilienne ; le torrent, prodigieusement grossi, détruisit tout sur sa route, enfla le Drac, qui, alors, se jetait dans l'Isère au-dessus de Grenoble ; la rivière, à son tour, envahit la ville ; ceux des habitants, de nombreux étrangers venus pendant une foire et qui n'avaient pu se réfugier dans les monuments élevés de la ville, furent noyés. Les traces de la catastrophe sont encore visibles dans toute la gorge, et la plaine de l'Oisans elle-même, d'une horizontalité absolue, a conservé l'aspect lacustre.

Le chemin de fer traverse le cône de déjection de l'Infernet, en face de *la grande Vaudaine*. Au delà commence véritablement l'*Oisans*. La vallée est annoncée par la *jolie cascade de Bâton*, tombant de rochers superbes, sobrement boisés et aussitôt on est dans la plaine que dominent d'immenses montagnes, vertes de sapins.

Un instant, on aperçoit la *vallée d'Aliemont*, une des plus belles de l'Isère, très large, très verte, sur les flancs de laquelle *Allemont* et *Oz* sont mollement étalées. Ce petit coin de montagnes qui confine aux glaciers des Grandes Rousses, à ceux de Belledonne et aux monts de la Maurienne est le site minéralogique le plus curieux de France. Là, sur un étroit espace, on rencontre presque tous les minerais connus : l'or, (peu abondant), l'argent, le nickel, le cobalt, l'antimoine, le cuivre, le mercure, le zinc ; nulle part une telle association de métaux n'a été signalée ; l'Oisans, du reste, offre partout des minerais précieux ; à l'extrémité de sa plaine on a découvert le gisement d'or *de la Gardette*, que l'on crut un instant un véritable *placer*.

L'entrée de la vallée d'Oisans s'appelle *les Sables*, sans doute par suite de l'accumulation des matériaux les plus ténus à l'endroit où les eaux du bassin d'Allemont, se déversaient dans le Lac Saint-Laurent. La route, très droite, présente un aspect assez rare dans ces montagnes. Pendant plus d'une lieue, elle est bordée de maisons séparées par des champs et entourées d'arbres : bouleaux, frênes ou peupliers. Si l'on consent à ne pas lever les yeux, on pourrait se croire dans quelque partie reculée des marais vendéens ou des watergangs de St-Omer ; mais la vue des rocs immenses, celle, plus lointaine, des éblouissants glaciers des Grandes Rousses rappellent vite à la réalité.

Le Bourg d'Oisans, ville de 2375 habitants est la localité principale de l'Oisans, le pays des Uceni sous les Romains ; la gare est à l'entrée même de la ville. C'est une surprise que cette petite cité ; on s'attendait à trouver un bourg de montagne aux rues étroites, noires et sales, et l'on rencontre une riante villette propre et vivante. Pour lui donner plus de charme, la Romanche s'en est écartée, traînant, au pied de la *montagne de la Garde*, ses eaux souillées par les schistes de la Grave. Une petite rivière, *la Rive*, traverse le Bourg d'Oisans pour aller se jeter dans la Romanche ; c'est une des plus claires et des plus belles qu'on puisse voir ; elle vient d'une forte source non loin de la ville.

Les environs immédiats sont charmants. *Villard-Reculas*, qu'arrose un des plus anciens canaux d'irrigation de ce pays, dérivé du Lac Blanc ; *Huez*, construit à 1300 mètres d'altitude au sein de beaux pâturages ; la *Garde Chatellard* qui a établi des damiers de cultures sur des pentes en apparence inaccessibles ; tout cet ensemble est très beau.

Dimanche 20 Août 1899. — Après la messe et le petit déjeuner, départ dans des cars alpins pour le Lautaret.

Au départ de Bourg d'Oisans, la route traverse brusquement la vallée pour franchir la Romanche, contenue entre des digues et réduite à la largeur d'un canal Le torrent roule un flot rapide et régulier que viennent accroître les eaux pures d'une superbe cascade servant à faire mouvoir une usine de soieries, la dernière que nous rencontrerons dans cette partie des Alpes.

La route s'élève, par des pentes rapides, dans un site sinistre ; les rochers qui la dominent sont hauts, noirs, à peine égayés par quelques broussailles ; au fond de l'abîme mugit la Romanche roulant des eaux grises ; la route est comme suspendue dans l'abîme ; un moment, elle doit traverser le rocher par un tunnel ; au-dessus de nos têtes, un autre chemin décrit des lacets sur le flanc des montagnes, il conduit à Mont de Lans. Par un de ces contrastes si fréquents dans les Alpes, la route, creusée dans les rochers et les éboulis, débouche tout à coup dans un riant amphitéâtre très vert, où de beaux noyers sont épars dans les prairies ; c'est le hameau de *la Rivoire* faisant face à un large col gazonné, au delà duquel resplendissent les glaces des Grandes Rousses.

Ce petit coin de la Rivoire est charmant ; la végétation y est d'une vigueur extrême, partout des arbres ; en face, sur les flancs d'une belle montagne, le pittoresque village d'*Auris* groupe ses chalets à pignons aigus, au-dessus d'un torrent dont les eaux tombent en cascade dans la Romanche.

Le paysage se fait de nouveau tragique : gorges d'une profondeur immense ; sur les flancs, partout, ruissellent des cascatelles, le torrent est à une profondeur telle qu'à peine peut-on deviner ses eaux ; mais leur murmure monte incessant jusqu'à nous. Pour franchir ce passage rendu dangereux par des éboulements fréquents, il a fallu creuser un tunnel dans lequel s'ouvrent des galeries d'où l'œil plonge sur l'abime. Ce défilé, appellé *Infernet*, est un des plus remarquables des Alpes ; de tout temps il eut un rôle considérable ; la voie romaine le traversait 150 mètres au-dessus de la route actuelle, Sur cette voie on remarque encore la fameuse porte d'*Annibal*, appelée aussi *Porte Vieille* ou *Porte Romaine* ; les savants ne sont pas d'accord sur sa destination ; les uns y voient un arc de triomphe, d'autres une porte fortifiée destinée à fermer l'accès de l'Oisans. Un peu au delà du tunnel, la vallée offre un petit plan de prairies, un village s'est formé sur la route, village d'auberges et de boutiques dépendant de la commune de *Fresney*, dont l'église est plus haut, sur une montagne de la rive droite. En face, sur un autre rocher, sont l'église et le chalet de *Mizoën*.

La Romanche, tout à l'heure si profonde, est ici à la hauteur de la route, elle coule sous des arbres très verts. Malgré les grands éboulis de la Croix de Cassini, le paysage est charmant ; de la Romanche à l'église de Fresney ce n'est qu'une forêt de noyers ; sur l'autre versant sont des sapins, des bouleaux et des frênes.

La Romanche, contenue dans un lit large à peine de trois ou quatre mètres, s'agite furieuse, moins furieuse cependant que le torrent de Ferrand, arrivé par une gorge profonde. La route traverse un joli tunnel au pied de Mizoën, dont la belle église commande le défilé. Au delà du souterrain, apparaissent les mélèzes, mais les montagnes sont enlaidies par de très primitives exploitations d'ardoises, creusées jusqu'au sommet. La gorge est redevenue vallée, la route y circule plus à l'aise ; traversant le misérable hameau du Dauphin, aux maisons armées de lourds barreaux de fer ; elle franchit le torrent sur un pont dans lequel est encastrée une borne avec un dauphin sculpté ; une inscription fait connaître l'altitude, exactement 1.000 mètres. Jadis, le chemin continuait sur la rive gauche de la Romanche ; il a été reporté sur la rive droite pour le plus grand charme du voyageur, qui désormais, verra défiler devant lui le front des glaciers.

On ne les aperçoit pas tout d'abord, ils sont portés par de gigantesques rochers, d'où leurs eaux tombent d'une telle hauteur qu'elles ne peuvent atteindre le sol et sont dispersées en nuages par les vents.

Près de la route, sur la rive droite, descend une cascade, venue des chalets de Voyron; elle glisse en filets bleus et en vapeurs d'un effet magique sur les flancs d'un énorme rocher d'ardoise. Là, au sein d'un chaos gigantesque de montagnes dont *la Roche Mantel* est la pyramide la plus élevée (3052 mètres) est la ligne de séparation entre l'Isère et les Hautes-Alpes.

Le paysage change tout à coup. Un immense pic haut de 3.258 mètres, appelé la *Pointe de Muretouse*, s'élance dans les airs; au-dessous de lui surplombant la vallée, se dressent de hautes murailles blanches aux reflets azurés, des éboulis éblouissants d'où un torrent s'élance en cascade, c'est le glacier du *Mont de Lans*, un des plus vastes du Dauphiné.

A ses pieds, dans les arbres, est *l'ancien hospiche de l'Oche*, qui servait jadis à abriter les voyageurs pendant les tourmentes de neiges, et le *Hameau des Balmes*. Oh ! le bizarre hameau, dont les maisons sont collées contre des roches descendues de la montagne et qui en forment parfois les murailles, véritables tannières couvertes d'immenses dalles d'ardoise. Entre les blocs, de petits espaces ont été transformés en prairies et en champs; il est peu de coins plus misérables dans les Alpes; cependant les habitants des Balmes sont d'apparence robuste et les enfants, qui courent après la diligence pour vendre des plumasses, sorte de graminées très légères ressemblant à des plumes, ont une mine florissante.

Un autre glacier apparaît, il est d'un bleu exquis; dans les parois de l'énorme falaise azurée, haute de plus de 5o mètres, s'est creusé un porche colossal, véritable grotte de glace où les habitants ne craignent pas de s'aventurer pour aller chercher des échantillons de cristal de roche, amenés par la marche insensible des glaciers.

Ce glacier de la *Girose* a fort mauvaise réputation : tourmenté et crevassé, il est de difficile accès, de toutes parts il en tombe des cascades abondantes; en face, d'autres chutes descendent d'un plateau de pâturages, très froid, étalé à 2.500 mètres d'altitude, criblé de petits lacs et portant le nom évidemment ironique de plateau de Paris.

A mesure qu'on avance, les glaciers se montrent plus nettement; dominant le pauvre *hameau des Fréaux*, voici le glacier de *Tabuchet*, qui se relie au *pic de la Meije*. *La Meije* apparaît, d'ici, dans toute sa magnificence, dressant sa tête aiguë à 3.980 mètres, bien au dessus des hautes cimes voisines. *Aux Fréaux*, sur le bord même de la route, tombe une des plus belles cascades de la vallée. Le torrent qui l'alimente vient du *col de Rachès* dans *les Grandes Rousses*, mais les eaux ont parcouru des rochers schisteux d'un noir d'encre. Le matin, les sources seules le remplissent, les eaux sont claires; à mesure que le soleil monte sur l'horizon, les neiges et les glaciers fondent, leurs eaux ravinent les flancs noirs des montagnes et en prennent les teintes. Au moment où la cascade est particulièrement abondante, elle se souille de plus en plus. C'est dommage; le torrent est un des plus gros de ces monts.

La vallée s'embellit; les mélèzes, devenus plus nombreux, montent jusqu'à la limite des neiges et des glaces. *Le glacier de la Meije* présente à son front des teintes bleues d'une délicatesse infinie;

sous le manteau neigeux de la surface, elles apparaissent encore plus douces.

En vue de ce décor superbe, sur une motte dominant de haut la Romanche, voici *le bourg de La Grave*, au-dessus duquel s'élève *le pic des Trois-Evéchés*, une des cimes les plus fières du Briançonnais.

Déjeuner à La Grave. *Hôtel de la Meije.*

LA GRAVE (1.526 mètres d'altitude) gros village au sud duquel *la Meije* (3.987 mètres) une des principales cimes du massif du Pelvoux, offre un coup d'œil grandiose. On a comparé le site à celui de la Wengernalp, en Suisse. *La route du Lautaret* commence d'une façon héroïque. Jadis, elle suivait les flancs d'une montagne d'ardoise qui s'éboulait sans cesse. On a abandonné ce passage périlleux. A la sortie même du bourg, un premier tunnel abrite des éboulis et va s'ouvrir sur le *torrent de Morian* dont on franchit les eaux grises sur un pont très élevé. Presque aussitôt après, un nouveau tunnel, long de 700 mètres, éclairé par de nombreuses lampes, troue un autre éperon schisteux, complètement dénudé et d'un aspect sinistre. Au delà du tunnel, apparaît soudain, sur une terrasse dominant la Romanche, ici très limpide, le village

de *Villard-d'Arène*, bâti à 1.651 mètres d'altitude.
De maigres champs de seigle et de belles prairies
l'entourent.

Le tunnel est très frais ; aussi les habitants
ont-ils imaginé d'en faire une véritable cave pour
leurs beurres et leurs fromages. Le soir, on
y dépose ces produits ; au milieu de la nuit, la
voiture qui fait le service du courrier les prend et
les transporte à Briançon, chez les marchands. Au
retour, le conducteur de la voiture rapporte le prix
de la vente aux cultivateurs.

Voilà un procédé commercial bien primitif
mais bien commode aussi !

Quand on a dépassé le tunnel et sa colline grise,
d'où les nombreux éboulements d'ardoise soulèvent
des flots de poussière, l'aspect du pays change
brusquement. Aux roches pelées succèdent des
bois et des prés. La Grave, que l'on domine désormais, apparaît sous un aspect moins sévère, grâce
au beau plateau de prairies et de cultures qui
s'élève au-dessus du bourg.

Plus sauvage apparaît l'immense plateau de
Paris, étalé au pied des contreforts des Grandes
Rousses.

La route, après avoir dépassé *Villard d'Arène*
dont on voit les pauvres toitures en contre-bas,

monte entre de beaux pâturages émaillés de fleurs éclatantes. A mesure qu'on s'élève, le paysage devient plus grandiose, la vallée de la Romanche jusqu'alors suivie, s'éloigne vers le sud. Le torrent descend d'une gorge profonde où il erre sur un lit de graviers. Au fond de la gorge, à deux kilomètres et demi de la source, s'élance, d'un jet, une des plus belles montagnes du Pelvoux, *l'Alp des Agneaux*, dressant sa pyramide triomphale au milieu d'un chaos de rochers, de neiges et de glaciers.

Les derniers groupes d'habitations sont à l'entrée du couloir d'où sort la Romanche, ce sont *les hameaux du Pied du Col et d'Arsines*, construits sur des éboulis plantés de bouleaux dont le feuillage grêle, agité par le vent, anime seul cette solitude profonde. Une montagne puissante, de fier aspect, dresse sa tête de granit, par delà d'immenses champs de neige, c'est *le Pic Gaspard*, presque inaccessible.

La route monte toujours par les près émaillés de narcisses, de myosotis, de renoncules et d'anénones aux couleurs éclatantes. La vaste nappe herbeuse s'étend jusqu'au *Col du Lautaret*, à 2.075 mètres au-dessus de la mer.

Col. du Lautaret. *Hôtel Bonnabel.*

C'est une des stations les plus vivifiantes *des*

Hautes-Alpes. On est au milieu d'un cirque de montagnes immenses : *Les trois Evêchés, le Galibier, le Thabor* font face aux étincelantes cimes neigeuses du *Pelvoux*. Au delà de l'hospice vient aboutir la route de la Maurienne qui, partant de St-Michel, traverse la belle vallée de Valloire et troue, par un tunnel, à 2.550 mètres d'altitude (100 mètres au-dessous du col) *le Col du Galibier. Cette traversée des Alpes, entre le Briançonnais et la Maurienne*, est une des plus belles courses qu'on puisse accomplir en Dauphiné.

Lundi 21 Août 1899. — Départ en cars alpins du Lautaret vers 8 h. 30 du matin, pour aller déjeuner à Valloire Grand Hôtel, après avoir traversé le col du Galibier (2.658 mètres d'altitude).

Cette route est le chemin direct entre les Hautes-Alpes du Dauphiné et la Savoie. La route prend à gauche au delà du Lautaret et gagne après 9 kilomètres un tunnel de 380 mètres, *au Col de Galibier*, 2.658 mètres d'altitude ; le froid est quelquefois si vif, même aux mois de Juin et Juillet, que des stalactites se sont formées dans le tunnel et qu'une couche de glace tapisse le sol, entre les éboulis causés par l'effondrement de la voûte ; en arrivant à la sortie du tunnel on voit les hautes cimes du Thabor et du Pelvoux.

Le col du Galibier se trouve situé entre le *Grand-Galibier* et le *Petit-Galibier*.

Les lacets succèdent aux lacets, très raides, très brusques, on rencontre sur la route de misérables hameaux : les Charmettes, Notre-Dame-des-Neiges, Bonnenuit etc. En un point à 1.700 mètres, la vallée devient une gorge étroite, barrée par des ruines informes appelées dans le pays « barricade des pestiférés » ; jadis on a sans doute enfermé, dans le val supérieur, des malheureux atteints d'une de ces horribles maladies baptisées du nom général de peste.

Puis, nous descendons rapidement, en côtoyant le torrent, dans une vallée très profonde, mais où les hameaux sont très nombreux et de florissant aspect. Le fond et les pentes sont semés de grosses maisons, très cossues. *La Ravine, le Vernet, la Ruaz, le Sevraz* ont un air propret et heureux qui surprend à ces altitudes où l'on est habitué aux misérables masures couvertes de paille. L'émigration hivernale des hommes explique ce bien être. Tous rentrent au printemps avec un pécule amassé par le colportage.

A 26 kilomètres du Lautaret : *Valloire*, 1.430 m,

d'altitude, localité principale sur cette route, dans le vallon où nous déjeunerons au *Grand Hôtel*, vers 11 h. 3o. Mais il faudra se hâter, car si nous voulons passer une bonne soirée à Aix-les-Bains, il faut que nos voitures arrivent à St-Michel de Maurienne vers 3 heures, et il faut environ trois heures de Valloire à St-Michel.

De Valloire *au Tunnel du Fort du Télégraphe* la route monte, dominant l'abîme, on entend le bruit du torrent assourdi par le bruit des voitures. La route ne passe pas devant le fort, elle coupe l'arête par un souterrain ; au tunnel est une maison cantonnière servant en même temps d'auberge ; le cantonnier et sa famille sont les seuls voisins de la petite garnison ; le commandant du fort, lieutenant ou sous-lieutenant est obligé d'y prendre pension, les troupiers du poste viennent y faire leur partie de piquet en buvant le vin aigrelet de la Maurienne.

Après de nombreux lacets, on aperçoit l'étroite et étonnante arête où l'on a juché *le Fort du Télégraphe*, destiné à maitriser le chemin de fer et la route de la Maurienne et à garder le passage du Galibier.

Ce rocher se dresse d'un seul jet au-dessus de la grande vallée ; à l'Ouest, la petite rivière de Valloire s'est creusé une fissure énorme, où elle se brise et forme des chutes dont l'industrie s'est emparée ; à l'Est, la pente est très forte encore, mais elle a cependant permis aux sapins de s'implanter jusqu'à la falaise terminale sur laquelle on a assis le fort. D'en bas, ces remparts gris semblent planer dans le ciel ; ils rappellent, mais combien plus haut perchés, les aires féodales de l'Auvergne ou du Rhin.

Encore de grands lacets et vue splendide de la vallée de l'Arc. Enfin, *St-Michel de Maurienne*, (710 mètres d'altitude) composé de deux villages industriels, 2017 habitants.

Départ de St-Michel de Maurienne, 3 h. 31 soir, 2ᵉ classe ;

Arrivée à St-Jean de Maurienne, 3 h. 49 soir ;

Départ de St-Jean de Maurienne, 3 h. 57 soir ;

Arrivée à Chambéry, 5 h. 54 soir ;

Départ de Chambéry, 6 h. 11 soir.

Entre St-Michel de Maurienne et St-Jean de Maurienne, le chemin de fer passe dans quatre tunnels et traverse trois fois la rivière.

3 h. 57. *St-Jean de Maurienne* est une vieille ville mal bâtie, de 3278 habitants, ancien chef-lieu de la Maurienne, aujourd'hui chef-lieu d'arrondissement de la Savoie et siège d'un évêché, à un kilomètre, à gauche du Grand-Chatelard.

Entre St-Jean de Maurienne et Epierre, deux tunnels.

4 h. 46. *Aiguebelle*, où fut, sur un rocher à gauche, le Château des Charbonnières, berceau des comtes de Savoie. Du même côté, sur le versant de la montagne boisée que l'on contourne, une mine de fer desservie par un chemin de fer à plan incliné. Plus haut, est *le Fort de Montgilbert* (1374 mètres) auquel font face, de l'autre côté de la vallée, ceux d'*Aiton* et *de Montperché*. A droite, *le Grand Arc* (2489 m.) et *le Bellachat* (2488 mètres), entre lesquels est *le Col de Basmont*, par où l'on passe en Tarentaise.

La partie que nous venons de descendre en chemin de fer s'appelle la Maurienne. *La Maurienne* est la vallée de cette rivière qui forme une sorte de croissant, s'étendant du Nord-Ouest au Nord-Est, entre les montagnes de la Tarentaise, celles du Dauphiné et de la frontière d'Italie. Elle est étroite et pittoresque, et l'on y a de très beaux coups d'œil. Elle a des établissements industriels et des mines qui lui donnent de l'animation, mais elle est peu fertile. Cette partie de la Maurienne est surtout intéressante pour les touristes, par les montagnes de la frontière, mais elle est loin de présenter l'aspect verdoyant de la Tarentaise. En outre, les montagnes qui les séparent n'ont plus de ce côté des glaciers comme ceux de la Vanoise, et les versants de gauche n'en ont que vers l'extrémité de la vallée.

4 h. 58. *Chamoussel*, à droite, au confluent de l'Isère et de l'Arc.

Beau coup d'œil à droite sur le Château de Miolans, prison d'État du XVI° siècle et du XVIII° siècle et maintenant propriété particulière. La ligne passe dans un tunnel courbe, puis traverse l'Isère sur un pont à treillis, puis des bas-fonds et tourne à gauche pour arriver à *Saint-Pierre d'Albigny*, ville de 2.931 habitants.

5 h. 35. *Montmélian*, petite ville à 1/4 d'heure, à gauche, sur le versant de la rive droite de l'Isère. On remarque au delà sur une butte rocheuse, les restes d'une forteresse qui en faisait autrefois une place très importante.

6 h. 11. *Chambéry* est une ville de 21.762 habitants, sur la *Leisse*, l'ancienne capitale de la Savoie et aujourd'hui le chef-lieu du département du même nom, formé d'une partie du Duché, cédé à la France avec Nice par le traité de 1860. C'est aussi le siège d'un archevêché.

Comme beaucoup d'anciennes capitales, Chambéry a une physionomie à part, mais manque d'animation. C'est cependant une ville prospère et un centre intellectuel et industriel assez important, on y fabrique la gaze. Elle a des institutions de bienfaisance considérables, dues en grande partie à la munificence du Général de Boigne, mort en 1830, qui avait acquis une grande fortune aux Indes, au service du Roi des Mahrattes.

Arrivée à Aix-les-Bains, 6 h. 35 soir.

AIX-LES-BAINS *(Savoie). — Grand Hôtel d'Aix.*

Mardi 22 Août 1899. — AIX-LES-BAINS est une ville de 8.328 habitants, bien située, dans une plaine entourée de montagnes, à environ 23 minutes du Lac du Bourget, et jouissant d'un climat très doux. Elle doit une grande importance à ses eaux thermales sulfureuses, déjà connues des Romains qui l'avaient nommée Aquæ Gratianæ, et aujourd'hui très fréquentées, la mode et le jeu étant toutefois aussi pour une bonne part. Il y vient annuellement environ 35.000 étrangers, tant baigneurs que touristes. C'est une station de bains et de villégiature élégante et mondaine.

L'*Avenue de la Gare*, dans laquelle se trouve notre Hôtel, aboutit à la Place du Revard, près du Parc. A gauche, la rue du Casino, où se trouve aussi une entrée du Grand Hôtel d'Aix, est la plus importante ; à droite la rue de Chambéry, et un peu plus haut à gauche la continuation de cette rue du côté de la Place Carnot, ancienne Place Centrale, où est la vieille église, à gauche de laquelle on monte en quelques minutes aux Bains.

L'Établissement thermal est alimenté par deux sources très abondantes. Il est surtout fréquenté pour le traitement des rhumatismes et des maladies de la peau, qui consiste dans l'emploi de douches de toute espèce, de massages et de bains, apres lesquels le patient est souvent porté au lit enveloppé de couvertures. Cet établissement reste ouvert toute l'année ; c'est en grande partie moderne et bien organisé.

Devant cet édifice s'élève l'*Arc de Campanus*, semblable à un arc de triomphe, mais qui est un monument funèbre du IIIe ou du IVe siècle érigé par un certain L. Pompeius Campanus à sa famille. Il a 9 mètres 16 de hauteur et 6 mètres 71 de largeur. Huit niches y renfermaient les urnes des personnages dont les noms s'y lisent encore.

L'Hôtel de Ville, près de là, du côté du jardin public, est l'ancien Château du Marquis d'Aix, du XVIe siècle, dont on remarque surtout l'escalier. Il y a un petit Musée, dit *Musée Lepic*, visible tous les jours (50 c. d'entrée) de 9 h. à midi et de 2 à 5 h.

Il occupe en partie les restes d'un temple de Diane et de Vénus. On y remarque particulièrement des débris de constructions lacustres du lac du Bourget.

Le Casino est un édifice richement décoré, du temps où il y avait à Aix une banque de jeux : on y joue encore beaucoup aujourd'hui, et il s'y donne de grandes fêtes. *La Villa des Fleurs* a un beau jardin où ont lieu des concerts.

Il y a une nouvelle église, à peu près terminée, de style romano-byzantin, au commencement du Boulevard des Côtes, au Nord de l'établissement.

Des *Promenades* de la ville, les plus fréquentées sont le *Parc*, au-dessus de la Place du Revard, où l'on remarque une Hébé en bronze, par Turcan, et un groupe de lions par A. Geoffroy ; et la *Promenade du Gigot*, de l'autre côté de la rue du Casino, dans la direction du Lac du Bourget.

Après le Déjeuner. Excursion sur le Lac du Bourget et visite de l'Abbaye de Hautecombe.

Le Lac du Bourget, est à 2 kilomètres 1/2. ou une demi-heure de marche de la ville, par la rue de Genève, la route de Seyssel à gauche de la promenade du Gigot et l'Avenue Port-Puer. Des omnibus y conduisent, en correspondance avec les bateaux à vapeur.

Le Lac du Bourget s'étend à droite, à peu près

du Nord au Sud, sur une longueur de 16 kilomètres et une largeur moyenne de 5 kilomètres, formant une superficie de 4.462 hectares. Sa profondeur atteint 145 mètres. Il se décharge au Nord-Ouest dans le Rhône par le canal de Savières.

Près de Chindrieux, à droite, le vieux *Château de Châtillon*, dominant le lac. Ce beau lac fut immortalisé par Lamartine, l'eau en est d'un bleu magnifique et il nourrit un poisson fort estimé, le *lavaret*, dans le genre de la féra du Lac de Genève et ressemblant quelque peu au maquereau.

L'Abbaye de Hautecombe, de l'Ordre de Citeaux (Bernardins) est surtout curieuse par sa situation pittoresque et par sa chapelle, la seule partie qu'on visite. Cette chapelle a servi, du XIIe au XVIIIe siècle, de sépulture aux Princes de la maison de Savoie, et elle est restée sous le patronage des Rois d'Italie. Elle avait été vendue et en partie détruite à la Révolution, mais elle a été refaite, ainsi que les monuments de 1824 à 1843, par les soins du Roi Charles-Félix et de sa veuve, Marie-Christine de Naples, qui y sont inhumés. La décoration en est d'une richesse excessive et maniérée. Les voûtes sont couvertes de réseaux de stuc et de peintures. Il y a en outre plus de 300 statues et quantité de bas-reliefs, de peintures, etc., qui encombrent la chapelle, mais il y a dans le nombre des œuvres fort remarquables, en particulier la statue de Charles-Félix, par Cacciatore et le groupe de Marie-Christine protégeant les arts, par Albertoni. Les peintures sont surtout de Gonino et des frères Vacca. — Les appartements royaux, qu'on peut visiter ensuite, sont plus que modestes.

Mercredi 23 Août 1899. — Départ d'Aix-les-Bains 9 h. 05 matin. Chemin de fer, 2e classe. Arrivée à Lowagny 10 h. 08.

Arrêt pour visiter les *Gorges du Fier*, qui sont très curieuses, dans le genre de celles du Trient. Le torrent s'y est creusé, dans des rochers calcaires de 90 mètres de haut et sur une longueur de 260 mètres, un lit d'environ 4 à 10 mètres de largeur, à l'aspect le plus sauvage. Une galerie adaptée solidement aux rochers en rend la visite très facile. Elle est à 27 mètres au-dessus des eaux en temps ordinaire, mais le torrent monte rapidement de 26 mètres dans les fortes crues.

Départ de Lowagny 11 h. 59 matin
Arrivée à Annecy 12 h. 10.
Correspondance immédiate pour le bateau.

Déjeuner sur le Lac d'Annecy, à bord du « Mont Blanc ».

Le Lac d'Annecy, a 14 kilomètres de long sur 1 à à 3 kilomètres 1/2 de large et il est entouré de prairies, de vignobles, de beaux villages et de charmantes villas, encadré dans un horizon de montagnes, où dominent, à gauche les Dents de Lanfon et le massif escarpé de la Tournette, à droite de la longue croupe du Semnoz. Sa superficie est de 2704 hectares et sa profondeur atteint 80 mètres 60.

Le bateau se dirige immédiatement vers l'autre rive. Vue en arrière sur le Parmelan et jusqu'au Salève. On s'arrête d'abord à *Veyrier*, au pied de la montagne de ce nom ; de là on continue sur *Menthon*, village qui occupe un joli site, abrité du nord. Sur une hauteur à environ 2 kilomètres à l'Est, dans la direction du *Col de Bluffy*, le vieux château où naquit en 923, St-Bernard de Menthon, fondateur des hospices du Grand et du Petit Saint-Bernard. Sur le Roc de Chère est le tombeau du critique et historien H. Taine (1828-1893). Le bateau va ensuite directement à *Talloires*, la plus importante des localités des bords du Lac. C'est un gros village, dans un joli site et jouissant d'un climat très doux, grâce aux montagnes qui l'abritent des vents du Nord et de l'Est, en particulier La Tournette. Il y a une ancienne *Abbaye*, des IXe et XIe siècles, maintenant morcelée. Talloires est la patrie du célèbre chimiste Berthollet (1748-1822). Talloires est au plus bel endroit du Lac, à l'entrée de la seconde partie que masquaient, à Annecy, le Roc de Chère et une presqu'île de l'autre rive. — *Duingt*, la station suivante, avec son vieux château sur cette presqu'île, présente un aspect très pittoresque. Le bateau ne s'arrête plus ensuite, avant de revenir, qu'au *Bout du Lac*, hameau de *Doussard*.

Annecy est une ville ancienne et industrielle de 12.894 habitants. Jadis capitale du Comté de Genevois, elle appartint ensuite aux Ducs de Savoie et aux rois de Sardaigne, qui l'ont cédée à la France avec la Savoie en 1860 ; elle est maintenant le chef-lieu du *Département de la Haute-Savoie*, avec un Evêché. Elle occupe un beau site, près du joli Lac du même nom, c'est un séjour agréable ; la ville offre peu de curiosités. Sa partie ancienne est sillonnée d'un certain nombre de canaux, et elle a encore des rues avec des grandes arcades et des passages voûtés.

Dans la *Rue Royale* se trouve la *Chapelle de la Visitation*, dépendant du couvent du même nom.

Ce couvent n'est pas celui qui fut fondé par saint François de Sales et sainte Jeanne de Chantal, mais la chapelle reconstruite en 1878, possède les corps des deux saints (morts en 1622 et 1641). Elle n'a rien de remarquable comme architecture, elle est richement décorée de marbres et de peintures. Dans le chœur se voient des hauts-reliefs en marbre, relatifs à saint François de Sales et sainte Jeanne de Chantal. La rue Royale se continue dans la rue du Paquier, qui aboutit à la Promenade. La rue à droite en deçà des arcades conduit à *Notre-Dame de Liesse*, église curieuse seulement par son clocher roman, qui penche. A l'extrémité du côté du Lac, la ville est dominée par son ancien *château-fort*, aux tours carrées à machicoulis, qui datent surtout des XIVe et XVIe siècles, il sert maintenant de caserne.

La Promenade du Pâquier, qui a de magnifiques arbres, s'étend en ligne droite de la rue du même nom, d'abord à quelque distance du lac, vers les hauteurs qui le bornent au Nord-Est. Elle offre des coups d'œil charmants sur ce lac et la Tournette. A l'entrée, à droite, est le Théâtre, avec un café. Vers le milieu, à gauche, en face du lac, *la Préfecture*, grand et bel édifice moderne dans le style Louis XIII. Sur l'esplanade qui le précède, la statue de *Sommeiller* (1815-1871) un des ingénieurs du tunnel du Mont Cenis.

De l'autre côté du canal qui part du lac, un *Jardin public*, avec la statue de Berthollet, en bronze, par Marochetti, et un *Monument de Carnot*, par Guimberteau, un buste du Président avec une statue de la Savoie en deuil au bas du socle.

L'*Hôtel de Ville*, entre le canal et le Théâtre, renferme un *Musée*, ainsi que la *Bibliothèque*.

Sur la place voisine, l'*Église St-Maurice*, du XVe siècle, assez curieuse à l'intérieur. Près du canal de Thiou, du côté du Château, la Ste-Source ou Église du premier monastère de la Visitation. Plus loin, sur le canal, le *Palais de l'Isle*, ancienne maison forte des Comtes de Genevois, qui a servi plus tard de Palais de justice et de prison. *La Cathédrale*, sur la rive droite du même canal, ou à droite en venant de Notre-Dame, c'est un édifice gothique peu remarquable du XVIe siècle.

Départ d'Annecy, 5 h. 08 soir.

Arrivée à Aix-les-Bains, 6 h. 15.

Jeudi 24 Août 1899. — *Excursion chez Monsieur le Chanoine Pillet*, membre du Comité d'Études de la Société de Géographie de Lille, pour visiter *la Tour et les ruines du Château de Grésy*.

A une petite distance au Nord d'Aix-les-Bains, sur un des derniers contre-forts de la chaîne du Grand Revard, se trouve le village de Grésy. Grésy-sur-Aix ! Ce n'est là qu'une modeste station du chemin de fer d'Aix à Annecy ; et cependant il n'est pas un baigneur, à qui ce nom ne rappelle le souvenir d'une de ces fraîches et poétiques journées d'été qui reposent l'esprit des fatigues de toute une année de travail, et ne laisse à l'âme une douce et bienfaisante impression.

C'est qu'à Grésy et tout auprès de la station, se trouve une cascade bien connue par son charme pittoresque, et qu'à quelques mètres en aval de cette cascade, le Sierroz s'enfonce dans une gorge étroite et gracieuse. Verdure, fraîcheur, épais ombrages, beautés agrestes, tout est réuni dans ce petit chef-d'œuvre du Créateur qu'on ne se lassera jamais de visiter et d'admirer.

Et cependant il ne faudrait pas croire que Grésy n'ait que ce bijou de la nature à présenter aux regards curieux des étrangers ; et si, après avoir visité la cascade, ces derniers prenaient la peine de remonter quelque peu le Sierroz, ils ne tarderaient pas à voir au-dessus de leurs têtes, un monument antique, bien digne, soit par sa pittoresque situation, soit par sa vieille histoire, d'attirer un instant leur attention : nous voulons parler de la *Tour de Grésy*.

Certes, ils ont pu l'apercevoir de loin, cette tour majestueuse, émergeant comme d'un îlot de verdure, et montrant au-dessus des marronniers antiques son noble front bruni par des dix siècles de gloire !.,, Et si, semblables au Prince du naïf Perrault, ils demandaient aux habitants du pays ce que sont ces ruines, on pourrait leur répondre que la forêt qui les entoure n'est point inextricable, que de gracieux sentiers la sillonnent en tous sens, et que l'on peut, en allant jusqu'au bout, avoir la bonne fortune de réveiller, non pas, il est vrai, une Belle au Bois-Dormant, mais tout un monde de souvenirs historiques du plus haut intérêt.

Qui se douterait, en effet, que des centaines d'illustres preux — fiers Romains, vaillants croisés — dorment à l'ombre du gigantesque monument ? Qui pourrait dire tous les hauts et puissants seigneurs venus pour s'incliner sur ces tombes, et, du haut du donjon féodal, donner un regard d'admiration au magnifique paysage se déroulant à leurs yeux ?

Mais n'anticipons pas, Monsieur le Chanoine Pillet, notre collègue de la Société de Géographie, qui veut bien nous recevoir, nous expliquera mieux que personne, l'histoire de la Tour et du Château de Gresy, dont il est le propriétaire.

Après le déjeuner à Aix, Excursion au Mont Revard,

Départ d'Aix-les-Bains, 1 h. 3o soir, chemin de fer à crémaillère ;

Arrivée au Mont Revard, 2 h. 45 ;

Départ du Mont Revard, 5 h. soir ;

Arrivée à Aix-les-Bains, 6 h. o5.

Le Revard ou *Grand Revard* (1,545 mètres) partie de la *Montagne de la Cluse*, qui domine Aix au Sud-Est, se gravit depuis 1892, en été, par un chemin de fer à crémaillère (9 kilomètres 400) dont la gare est à droite, au-dessus du parc. Le trajet se fait en 1 h. 15 à la montée et 1 h. o5 à la descente. Il faut un temps bien clair pour jouir de cette excursion. Vue d'abord à gauche du côté du lac, *Mouxy.* La montée devient plus considérable. *Pugny.* Viaduc sur une gorge. *Pré - Japert.* Autre gorge et tunnel. La voie tourne brusquement du Nord-Est au Sud et la vue est à droite. On est bientôt ensuite sur le plateau du Revard, non loin du point culminant. Par un temps favorable, *la vue y est splendide*, surtout du côté des hautes montagnes, qu'on découvre alors jusqu'au Mont-Blanc, semblable à une gigantesque muraille de neige. Il y a un *kiosque*, où l'on peut monter librement, mais à la descente duquel on vous demande 1 fr. La vue est aussi belle dans le bas. Le sommet un peu plus élevé au sud, dans le même massif que le Revard, est le *Dent du Nivolet*, remarquable à sa croix.

Vendredi 25 Août 1899. — Départ définitif d'Aix-les-Bains, 7 h. 01 matin, 2e classe.

Arrivée à Culoz, 7 h. 44 ;

Départ de Culoz, 8 h. 03 ;

Arrivée à Ambérieu, 9 h. 13 ;

Départ d'Ambérieu, 9 h. 26 ;

Arrivée à Mâcon, 10 h. 33.

Les plus intrépides qui voudront visiter Macon, n'auront qu'à prendre à gauche en sortant de la gare la rue Joséphine, qui les conduira *aux quais*. Là se trouvent la *Statue de Lamartine*, l'*Hôtel de Ville*.

Derrière, *Saint-Pierre*, église moderne de style roman. Plus loin, les restes de l'ancienne cathédrale. Une demi-heure suffit pour visiter Mâcon. en se pressant beaucoup.

Départ de Macon, 11 h. 11 matin ;

Arrivée à Dijon, 1 h. 12.

Déjeuner et diner au Buffet de Dijon.

DIJON, la Divio des Romains et l'ancienne capitale de la Bourgogne, est aujourd'hui une ville commerçante de 67,736 habitants, et le chef-lieu du *Département de la Côte-d'Or*, avec un Évêché, une Cour d'appel et une Académie universitaire. On en a aussi fait depuis 1870 une place de guerre défendue par huit forts détachés. Elle est bâtie au Nord-Est du confluent de l'*Ouche* avec le *Suzon*, et du *canal de Bourgogne* au pied des collines de la Côte-d'Or, que domine le Mont Affrique (584 mèt.). Les Ducs de Bourgogne y ont résidé pendant trois siècles (1119-1477) jusqu'à la mort de Charles-le-Téméraire et les monuments qu'elle a conservés de cette époque lui donnent un intérêt particulier.

Dijon fait un grand commerce de vins et de blé ; sa moutarde, son pain d'épices et sa liqueur de cassis ont une réputation presque universelle.

La *Rue de la Gare* nous mène à la *Place Darcy*, ainsi nommée de l'Ingénieur qui a créé les deux réservoirs et les fontaines publiques de la ville. On a érigé en 1886 la statue de *Rude* (1784-1855) le sculpteur. Derrière cette place, la jolie *Promenade du Château d'Eau* et sur les côtés de belles maisons neuves. Plus loin est la *Porte Guillaume* de 1784, à l'entrée de la ville proprement dite. La *Rue de la Liberté* mène directement de là à la Place d'Armes ; mais tournons immédiatement à droite pour visiter d'abord *Saint-Bénigne*, la cathédrale, dépendant jadis d'une abbaye, qu'ont remplacée l'évêché et le séminaire. C'est un assez bel édifice gothique dont la fondation est très ancienne, mais qui a été presque entièrement reconstruit au XIIIe siècle et plus tard. La façade présente une sorte de vestibule ou narthex, avec un *Martyre de St-Étienne* par Bouchardon, remplaçant des sculpture détruites à la révolution, et au-dessus, une galerie avec arcades d'une grande légèreté. Il y a deux belles tours sur les côtés, mais pas de portails latéraux. On entre généralement par une petite porte au sud. Le plan de cette cathédrale gothique tient encore de celui des dernières églises romano-byzantines ; elle a trois nefs, un transept très court, un chœur petit et sans déambulatoire ni chapelle, et, à l'extrémité, trois absides en hémicycle. L'intérieur est, du reste, assez simple. La crypte, du XIe siècle, a été retrouvée et restaurée de nos jours. Elle renferme le tombeau de St-Benigne (mort vers 179) et elle a des peintures anciennes ; dans le chœur, de belles stalles du XVIIIe siècle, etc,, etc.

A quelques pas à droite de la cathédrale se voit *St-Philibert*, église du XIIe siècle, avec flèche gothique, en pierre, transformée en magasin.

La petite rue à droite, nous mène en quelques minutes à *St-Jean*, église rebâtie au XVe siècle. On y voit une grande peinture murale médiocre par B. Masson. St-Urbain, St-Grégoire et l'usurpateur romain Tétricus y sont inhumés.

Remontant de là jusqu'à la seconde rue latérale de droite, la *Rue de la Liberté*, nous allons de ce côté à la *Place d'Armes*, place semi-circulaire au nord de laquelle s'élève l'*Hôtel de Ville*, l'ancien *Palais des Ducs de Bourgogne*. Ce vaste édifice, en lui-même peu remarquable, a été reconstruit en grande partie de 1681 à 1725 et de nos jours. Il n'est guère resté de l'ancien Palais, des XIVe et XVe siècles, que la haute tour qui le domine (44 mètres) et une autre plus basse sur le derrière, ainsique quelques salles voûtées du rez-de-chaussée, les cuisines et un grand puits qui les précède, à droite de la cour principale. On peut se les faire montrer et on peut traverser le bâtiment du milieu pour voir l'autre côté. Mais ce qu'il y a de plus curieux ici c'est le *Musée*.

Le Musée occupe 20 salles et 2 passages du 1er étage de la partie est ou de droite. C'est un des plus riches de province pour la peinture et il renferme les splendides tombeaux de *Philippe-le-Hardi* et de *Jean-sans-Peur*. Les étrangers sont admis à le visiter de midi et demi à 5 heures. L'entrée est du côté droit, sur la place du Théâtre.

L'Hôtel de Ville renferme encore un *Musée Archéologique*, indépendant du précédent, qui occupe du même côté trois salles du rez-de-chaussée. (S'adresser au concierge sous l'escalier de la tour voisine). Il est relativement peu important. Le même concierge fait voir les anciennes cuisines dont on remarque les six cheminées, la cheminée ventilateur du milieu et la voûte en dôme.

Le théâtre est dans le style classique, avec une colonnade sur la Place St-Etienne, au sud. À l'est de cette place, l'ancienne *Église St-Étienne*, rebâtie au XVIIIe siècle. Dans le fond, la *Caisse d'Épargne*, très belle construction neuve, style Renaissance, achevée en 1890. En suivant la *Rue des Bons-Enfants*, à droite et tournant dans la première à gauche, on va au Palais de Justice.

St-Michel, église dont la façade présente un assez heureux mélange du style gothique pour le plan général, et du style gréco-roman dans les détails. Elle a été reconstruite aux XVIe-XVIIe siècle par *Hugues Sambin*, de Dijon, élève de Michel-Ange. La façade a trois portails à tympans et à voussures, mais en plein cintre ; deux tours, où figurent quatre ordres de colonnes superposées et

qui se terminent par des balustrades et des lan-
ternes octogones à dôme, etc. Le tympan du portail
principal, par Sambin, représente le Jugement
Dernier. Il y a au transept de petits portails du
style flamboyant. L'intérieur de l'église est simple.

De cette église, nous revenons sur nos pas et
nous passons derrière l'Hôtel de Ville pour aller à
Notre-Dame, église du XIIIe siècle du style
ogival bourguignon. *Le portail* en est la partie la
plus curieuse. On l'a restauré ces derniers temps,
et l'on a même dû en reconstruire *le porche* unique
en son genre, à trois étages, celui du bas présen-
tant trois nefs, les deux autres des arcatures à jour
supportées par des colonnettes, et les intervalles
remplis par des frises richement sculptées. Il y a
17 statuettes fort curieuses, posées en gargouilles,
aux figures et aux attitudes les plus variées. Dans
le haut, à droite, une horloge provenant de Cour-
trai et donnée par Philippe-le-Hardi en 1383. Elle
est attribuée au mécanicien flamand Jacques Marc
et «Jacquemart» est devenu le nom des personnages qui donnent l'heure aux horloges de ce
genre. Sur la croisée, une tour moderne surmontée
d'une flèche et flanquée de quatre tourelles rondes.
Deux tourelles du même genre s'élèvent aux extrémités du transept.

Dijon possède encore un certain nombre de maisons remarquables, par exemple *l'Hôtel Vogué*, de la Renaissance, rue Notre-Dame, 8, derrière le chœur de l'église; la *maison Milsand*, de la même époque, rue des Forges, 38, à l'Ouest, près de l'Hôtel de Ville ; la *maison Richard*, même rue 34-36, qui a une façade gothique et une cour à galerie en bois, dont l'entrée est interdite; la *maison des Cariatides*, rue Chaudronnerie 28, en face de Notre-Dame.

Nous retournons maintenant à la Place d'Armes et nous la traversons pour prendre à gauche la rue du Palais qui mène au *Palais de Justice*, jadis le siège du Parlement de Bourgogne. Il est du XVIe siècle et remarquable par sa façade Renaissance, avec porche, et sa grande et belle salle des Pas perdus, qui se termine par une petite chapelle. Derrière se trouve *l'Ecole de Droit* et une *Ecole normale*, cette dernière dans un ancien collège des Jésuites qui a une belle porte et une tour carrée.

La rue Chabot-Charny qui part de la place St-Etienne et passe à gauche de cette école, mène à la grande *Place St-Pierre*, au milieu de laquelle il y a un jardin avec un bassin et un beau jet d'eau. De là partent le Boulevard Carnot et le cours du Parc.

Le Parc, à 1.300 mètres de cette place, est une promenade superbe de plus de 35 hectares, plantée par Le Nôtre pour les Princes de Condé, gouverneurs de Bourgogne. Il est bien ombragé et n'a rien d'artificiel. Il s'étend au Sud jusqu'à *l'Ouche* et au delà se trouve l'ancien château, peu remarquable et maintenant propriété particulière. En deçà de la rivière, à l'extrémité de l'avenue principale, un cadran solaire comme devant l'église de Brou.

Le Boulevard Carnot, long d'environ 800 mètres, relie la place St-Pierre à celle du 30 Octobre. Au commencement, à gauche, une belle *Synagogue* moderne du style moresque. Sur la seconde place le beau *Monument du 30 Octobre*, érigé à la mémoire des habitants tués dans la défense de la ville en 1870 et dont beaucoup sont inhumés en cet endroit. Il se compose surtout d'une magnifique statue de la Résistance, en marbre blanc par Cabet, sur un haut piédestal en forme de tour ronde, avec un groupe en haut-relief représentant la défense. Non loin de cette place se trouvent, au Nord-Est, la *gare Porte Neuve*; au Nord-Ouest, le *Nouveau Lycée* sur les plans de Flamant et Chaudoua. Le *Boulevard Thiers* qui passe derrière continue le tour de la vieille ville, par la place de la République, d'où le boulevard de Brosses ramène vers la place Darsy en passant à celle de St-Bernard et à l'ancien château.

Une statue de *St-Bernard* (1091-1153), en bronze, par Jouffroy, s'élève depuis 1847 sur la Place St-Bernard. Elle est sur un haut piédestal décoré de bas-reliefs représentant le Pape Eugène III, Louis VII de France, Suger, Pierre le Vénérable, abbé de Cluny, le duc de Bourgogne et le Grand-Maître des Templiers contemporains du Saint, qui était de Fontaine, 4 kilomètres 1/2 au Nord-Ouest de Dijon.

La *Route de Paris*, à gauche de la rue de la Gare en revenant de l'intérieur de la ville, conduit au *Jardin botanique* et à la *Promenade de l'Arquebuse*, près de la Gare. Le Jardin, fondé en 1782, a de riches collections (plus de 5.000 espèces) et un Musée. Au fond de la promenade est un peuplier noir d'une grosseur extraordinaire, âgé d'environ 500 ans. Il a 40 mètres de haut et 15 mètres de circonférence au niveau du sol.

Environ 10 minutes plus loin, par la même route, est l'*Asile des aliénés*, bâti de nos jours sur l'emplacement de la Chartreuse, que Philippe-le-Hardi fonda en 1379 et dont il reste deux portails, une tour et surtout le célèbre *Puits de Moïse* ou *des Prophètes*, dont le Musée possède une petite reproduction. Ce puits de 7 mètres 15 de diamètre, est entouré d'un piédestal qui supportait jadis un calvaire et qui est encore décoré des statues de Moïse, David, Jérémie, Zacharie, Daniel et Isaïe, par Claux Stuter, le sculpteur du tombeau de Philippe-le-Hardi.

Dîner à 6 heures 30 au buffet de la gare de Dijon.

Départ de Dijon, 7 heures 29 soir. Express : 2ᵉ classe.

Arrivée à Paris, 11 heures 59 soir.

Paris Hôtel du Chemin de fer du Nord, 12, Boulevard Denain.

Samedi 26 août 1899. — Petit déjeuner à volonté, matinée libre.

Départ de Paris, 1 h. 05 soir. Express : 2ᵉ classe.

Arrivée à Lille, 4 heure 55 soir.

H. B.

LILLE, IMP. L. DANEL.